冶金工业出版社

普通高等教育"十四五"规划教材

虚拟现实技术及应用

杨 庆　陈 钧　主编

扫一扫查看
全书数字资源

北　京
冶金工业出版社
2024

内 容 提 要

本书以大量的典型案例为基础，系统介绍了虚拟现实（VR）技术和增强现实（AR）技术。全书共分 7 章，第 1 章为 VR/AR 的概念；第 2 章介绍了 VR/AR 基本开发工具包、商业软件和 Web 端平台的支撑工具集；第 3 章为图形学基础；第 4 至第 6 章分别讲述了三维几何造型、真实感图形显示技术和动画交互技术；第 7 章为数字孪生和 AI 与 VR/AR 技术结合的发展趋势和展望。

本书可作为高等院校计算机科学与技术、数字媒体技术、机械制造、自动化及相关专业的本科生或研究生教材，也可作为相关行业设计与研发人员的参考书。

图书在版编目（CIP）数据

虚拟现实技术及应用/杨庆，陈钧主编. —北京：冶金工业出版社，2022.1（2024.8 重印）

普通高等教育"十四五"规划教材

ISBN 978-7-5024-9068-3

Ⅰ.①虚…　Ⅱ.①杨…　②陈…　Ⅲ.①虚拟现实—高等学校—教材
Ⅳ.①TP391.98

中国版本图书馆 CIP 数据核字（2022）第 030995 号

虚拟现实技术及应用

出版发行	冶金工业出版社	**电　话**	(010)64027926
地　址	北京市东城区嵩祝院北巷 39 号	**邮　编**	100009
网　址	www.mip1953.com	**电子信箱**	service@ mip1953.com

责任编辑　王　颖　美术编辑　彭子赫　版式设计　郑小利
责任校对　葛新霞　责任印制　禹　蕊
北京虎彩文化传播有限公司印刷
2022 年 1 月第 1 版，2024 年 8 月第 2 次印刷
787mm×1092mm　1/16；12.5 印张；301 千字；190 页
定价 49.90 元

投稿电话　(010)64027932　投稿信箱　tougao@cnmip.com.cn
营销中心电话　(010)64044283
冶金工业出版社天猫旗舰店　yjgycbs.tmall.com
（本书如有印装质量问题，本社营销中心负责退换）

前　言

虚拟现实（Virtual Reality，VR）技术是 20 世纪末发展起来的一门综合性信息技术，它提供了一种基于可计算信息的沉浸式交互环境。在该虚拟环境中，用户借助必要的辅助设备就能够以自然的方式与虚拟环境内的其他各种对象进行交互作用、相互影响，从而使用户产生身临其境的感受和体验。随着多种软、硬件技术的突破，虚拟现实技术（VR）和增强现实技术（AR）与数字孪生、人工智能、5G 技术相融合，在我们生活中的应用越来越广泛，在军事、航天、医学、设计、影视娱乐、科学计算可视化、建筑设计漫游、产品设计以及教育、培训等领域都起着越来越广泛的重要作用。可以预测，虚拟现实技术未来必将给人们的生活、学习和工作带来更多的新概念、新内容、新方式和新方法。

本书力争概念清晰、要点突出、说明细致透彻，在介绍虚拟现实技术相关知识的基础上，着重从理论联系实际的角度出发，讲解虚拟现实的原理和开发应用中常用的技术，同时结合当前 5G、数字孪生、智能制造和 AI 技术，介绍虚拟现实与这些前沿技术的融合。

在实验案例中，本书通过分别列举 OpenGL、Unity3D 和 WebGL 的应用实验，帮助读者从不同层面深入浅出地全面了解虚拟现实底层原理和应用技术。

本书知识新颖实用、内容丰富，适合作为高等院校计算机科学与技术、数字媒体技术、机械制造、自动化及相关专业的本科生或研究生教材，也可作为相关行业设计与研发人员的参考用书。

本书由南京工程学院杨庆、陈钧任主编，上海交通大学武殿梁、澳门科技大学彭程任副主编，南京工程学院丁宇辰参加编写。其中，第 1 章由杨庆、武殿梁编写，第 2 章由陈钧、彭程编写，第 3 章由陈钧、丁宇辰编写，第 4 章至第 7 章由杨庆、陈钧共同编写。

由于编者水平所限，加之虚拟现实与增强现实技术发展速度迅猛，书中难免会有疏漏和不妥之处，敬请广大读者批评指正。

杨 庆　陈 钧

2021 年 12 月于南京

目　　录

1 虚拟现实技术概论

虚拟现实是一种沉浸式、互动式体验，既包括人的感官体验，又包括人的认知体验，是基于三维数字仿真的可视化人机交互接口技术。

虚拟现实是一项综合集成技术，它用计算机生成逼真的三维视、听、嗅等感觉，使人作为参与者通过适当装置，自然地对虚拟世界进行体验并感受其交互作用。使用者进行位置移动时，电脑可以立即进行复杂的运算，将精确的 3D 世界影像传回使用户产生临场感。该技术集成了计算机图形（CG）技术、计算机仿真技术、人工智能、传感技术、显示技术、网络并行处理等技术的最新发展成果，是一种由计算机技术辅助生成的高技术模拟系统。

概括地说，虚拟现实是人们通过计算机对复杂数据进行可视化操作与交互的一种全新方式，与传统的人机界面及流行的视窗操作相比，虚拟现实在技术思想上有了质的飞跃。

虚拟现实中的"现实"是泛指在物理意义或功能意义上存在于世界中的任何事物或环境，它可以是实际上可实现的，也可以是实际上难以实现的。而"虚拟"是指用计算机生成的意思。因此，虚拟现实是指用计算机生成的一种特殊环境，人可以通过使用各种特殊装置将自己"投射"到这个环境中，并操作、控制环境，实现特殊的目的，即人是这种环境的主宰。

1.1 虚拟现实的概念与发展历史

虚拟现实在今天来说并不是新概念，在游戏、电影等领域被广泛应用，被普遍认为是可看到立体图像的，是一种先进的可视化人机接口。

1.1.1 定义

虚拟现实（Virtual Reality，VR）也称虚拟技术、虚拟环境，早期译为"灵境技术"。VR 的术语起源可追溯到德国哲学家康德提到的"Reality"，现代意义的 VR 术语则是由 Jaron Lanier 在 20 世纪 80 年代提出。从字面上看，虚拟现实的词本身就是矛盾的，奥卢大学的 Steven M. LaValle 于 2019 出版的专著《Virtual Reality》，指出 VR 系统会使人保持一种知觉上的错觉，应该从人的心理、感知和认知角度来定义。在本书中，我们倾向于将虚拟现实定义为完全利用数字化技术模拟产生三维虚拟世界，并使用立体显示设备和三维交互装置，提供用户视觉、力觉等多感官的模拟，让用户沉浸在所营造的虚拟场景中，并与之互动的技术。

增强现实（Augmented Reality，AR），AR 术语最早由波音公司 TomCaudell 在 1990 年使用。增强现实可定义为融合了现实世界场景和虚拟仿真模型或信息，且现实世界中的物体被计算机生成的信息所增强，可实现一种与现实世界环境的互动体验技术。

值得注意的是，对虚拟现实和增强现实目前还没有普遍接受的定义，目前虚实融合领域还出现了新的概念，比如混合现实（Mixed Reality，MR）、扩展现实（eXtended Reality，XR）等。如何区分 VR、AR 和 MR 技术，1994 年 P. Milgram 等给出了虚拟-现实界限，如图 1-1 所示图上可以清楚区分。

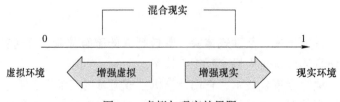

图 1-1　虚拟与现实的界限

在图 1-1 中添加一个数轴，虚拟环境和现实环境分别位于一条数轴的两端，越靠近 1，越趋向于物理世界（现实环境），场景中物理世界的要素越多，虚拟要素越少。反之，越靠近 0，则趋向于虚拟世界，场景中虚拟对象的比例就越多。

因此，通过与虚拟世界和真实世界的距离大小来定性度量虚拟和现实的混合方式，比如某系统更加"虚拟化"些。人通常更多感知的是物理世界，在体验数字化过程中，"增强"根据接近虚拟世界和物理世界的程度，分为增强虚拟（Augmented Virtuality，AV）和增强现实（AR）。AV 将真实讯息加入在虚拟环境里，例如电玩游戏时可透过游戏手把感应重力，并且将现实中才有的重力特性加入游戏中，用来调整、控制赛车的方向。AR 则是将虚拟对象和信息添加到物理世界中，扩展了物理世界。将物理世界和虚拟世界混合在一起，统称为混合现实（MR），这是最近几年提出的名称，在本书中不特意强调 AR 和 MR 的区别，都统一归为 AR。

1.1.2　VR/AR 的特点

1.1.2.1　VR 特点——"3I"

虚拟现实环境是完全由计算机生成的三维虚拟环境，人如果融入系统中，就非常强调系统具有沉浸感、逼真性，即要求有高的真实感、自然的交互方式，又要满足实时性的交互要求。因此虚拟现实可以总结为有三个"I"特点（分别为英文 Immersion、Interaction、Imagination 的三个首字母），如图 1-2 所示。

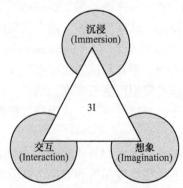

图 1-2　虚拟现实的三大特点（3I）

（1）沉浸（Immersion）：沉浸是指操作者感觉到完全置身于虚拟环境中，被虚拟世界所包围，让用户觉得自己是虚拟世界中的一部分，使用户由被动的观察者变成主动的参与者，沉浸于虚拟世界之中，参与虚拟世界的各种活动。"沉浸"包括身体沉浸和精神沉浸两方面的含义，虚拟现实的沉浸性来源于对虚拟世界的多感知性，包括视觉、听觉、触觉感知，以及运动感知、味觉感知、力觉感知、嗅觉感知、身体感觉等。

（2）交互（Interaction）：交互是指操作者可与虚拟世界中的各种对象进行交互。在传统的多媒体技术中，人机之间主要是通过键盘与鼠标进行一维、二维的交互，而VR系统中人与虚拟世界之间以自然的方式进行交互，其借助于各种交互硬件设备，以自然的方式，与虚拟世界进行交互，实时产生在现实世界中一样的感知。如用户可以用手直接抓取虚拟世界中的物体，并可以感觉到物体的质量、软硬等，我们强调这种自然人机交互，其极大地加强了用户的沉浸感。

（3）想象（Imagination）：VR为人更深入地认识世界提供了一种全新的接口和手段，使人突破时间与空间，去体验世界上早已发生或尚未发生的事情，可以使人进入宏观或微观世界进行研究和探索，也可以去完成某些因为条件限制而难以完成的事情。沉浸在虚拟世界中会激发人的想象力，尤其是多人参与在同一个虚拟场景中，因此VR系统在很多汽车设计中得到广泛应用。

1.1.2.2 AR 特点——"3R"

AR也要实现VR的"3I"，但是AR更强调虚拟世界和物理世界的融合，因此其特点也是围绕虚实融合来形成的，对应"3I"，本书将AR总结为"3R"，分别是虚实共融（Reunion）、增强（Reinforcement）和三维注册（Registration），如图1-3所示。

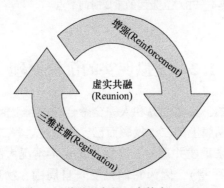

图1-3　增强现实的三大特点（3R）

（1）虚实共融（Reunion）：利用光学反射原理，将信息投射在镜片上，并经过平衡反射将影像投射入用户的眼睛，这样就可以将虚拟对象和真实环境对象融合在一起。如果获得以假乱真的虚实共融的场景，虚拟模型就具有高度逼真性，是三维且具有环境响应的具有物理行为的模型。通过人机交互从精确的位置扩展到整个环境，从简单的人面对屏幕交流发展到将自己融合于周围的空间与对象中。运用信息系统不再是自觉而有意的独立行动，而是和人们的当前活动自然而然地成为一体。

（2）增强（Reinforcement）：AR系统中提供了虚拟对象对物理世界进行了信息添加，扩展了物理世界。这种增强不仅可以增加物理世界的三维场景对象，还通过信息标注增强了对真实场景中的对象理解，将隐式的信息可视化出来。

（3）三维注册（Registration）：实现虚实共融和环境增强，让待增强的对象和虚拟对象之间精确匹配和精准融合，根据用户在三维空间的运动调整计算机产生的增强信息。

1.1.3　VR/AR 的发展历史

VR 术语的起源很早，可以追溯到德国哲学家康德。1938 年法国剧作家安托南·阿尔托将剧院描述为虚拟现实。而和现在意义一致的 VR 术语则是由 Jaron Lanier 在 20 世纪 80 年代提出，他创建了 VPL Research 公司，对推广 VR 概念起到重要作用。到目前为止，VR/AR 的发展已经逾 50 年，如图 1-4 所示，经历了启蒙、成长、发展阶段，目前可以认为基本成熟。

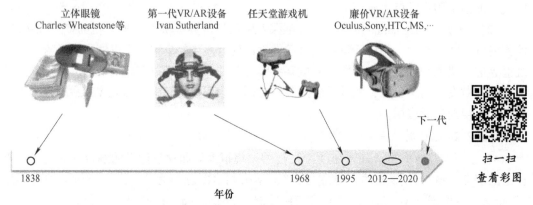

图 1-4　VR/AR 发展的重要时间节点

1.2　虚拟现实的沉浸原理

人类观察世界是立体的，真实世界和人完全融合在一起。但是你看到的所谓三维世界都只是三维世界在你的视网膜上的二维投影而已，只不过这些二维投影包含了大量的三维信息，大脑通过二维投影来重建并理解三维世界。正常情况大脑（和身体部位）控制着感觉器官（眼睛、耳朵、手指），因为它们接受来自周围、物理世界的自然刺激，如图 1-5 （a）所示。

VR/AR 系统建立逼真的三维数字化的虚拟环境，人参与到和物理世界融合后的环境中，与虚拟环境中对象进行交互，实现了和虚拟环境中的"场景"或"世界"融合，沉浸在其中，如图 1-5 （b）所示。计算机生成的虚拟世界如果足够真实，就会填充虚拟和真实世界之间的间隔，人的大脑就会被"欺骗"，认为虚拟世界其实就是周围的物理世界，电影"黑客帝国"中就描述了这种情形。因此 VR 和 AR 的首要问题就是要实现"沉浸"，尽管沉浸的定义是广泛且可变的。虚拟环境能否真正使用户身临其境，取决于许多因素，关键要生成可信逼真的三维图形，产生深度感知暗示，其他通道感知，包括声音、力觉和触觉显示；自然的人机交互等，整个虚拟世界生成器结构和层次，如图 1-6 所示。

沉浸感知和幻觉并不限于视觉通道，表 1-1 显示了感官的分类。不同的刺激在不同的

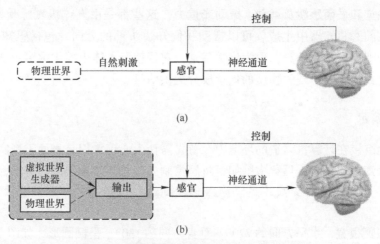

图 1-5 通常的感知过程和 VR/AR 感知过程

（a）通常感知过程；（b）VR/AR 感知过程

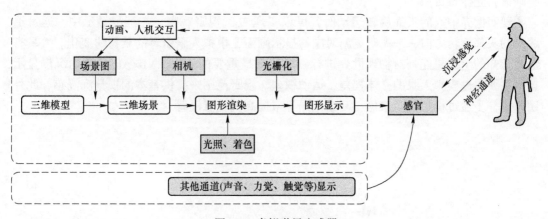

图 1-6 虚拟世界生成器

感官中将能量源转化为信号，对于人体意味着刺激被转化为神经脉冲。在人眼里，有超过一亿个感光体精确地感受可见光的频率范围内的电磁能量，这些不同种类的光感受器可感知不同的颜色和光照度。其中近眼显示技术以沉浸感提升与眩晕控制为主要发展趋势。

表 1-1 感觉、刺激和接受分类

感觉	刺激	感受器	感官
视觉	光电磁能量	图像传感器	眼
听觉	空气压力波	机械传感器	耳
触觉	组织扭曲	机械和热传感器	皮肤和肌肉
平衡感	重力和加速度	机械传感器	前庭
嗅觉/味觉	化学分解	化学传感器	鼻/舌头

听觉、触觉和平衡感涉及运动、振动或重力，这些都是由人体机械感受器感受到的。人的平衡感在前庭感知器中生成，可以帮助我们知道头部的方向，包括感知"向上"的方向。味觉和嗅觉被归为一类，称为化学感觉，它依赖于人体中的化学感受器。化学感受器根据舌头上或鼻腔中出现的物质的化学成分提供信号。

1.2.1　深度暗示

让人感觉沉浸在计算机营造的环境中，首先需让人心理意识是身处于真实世界一样的三维空间。感知心理学就是理解大脑如何将感觉刺激转化为感知现象的科学，需要研究物体看起来有多远，每秒多少帧才足以让人感知到运动是连续的，以及什么是存在感等问题。

人眼的视野很宽，水平方向约220°，垂直方向约130°，呈椭圆形，如图1-7所示。但在通常的显示方式中，显示器均在视野之内，因此缺乏立体视觉的身临其境感。为此，增大显示器可以增强立体感。例如宽银幕电影的立体感就比窄银幕的强，而全景电影由于没有画框，立体感更强。

现实世界中人的头部旋转运动时，可以实现360°视野观察。在沉浸显示中，通过追踪人的头部旋转方向，来实时更新对应的显示画面，模拟人眼所看的景物的变化。人具有深度感知的生理机能是对物理世界进行三维感知最重要的依据，VR/AR采用的沉浸显示技术主要通过模拟人眼的立体视差、运动视差、视野范围来提供基本的视觉沉浸感，此外还可进一步通过模拟人眼聚焦、动态范围等来提高视觉沉浸感。

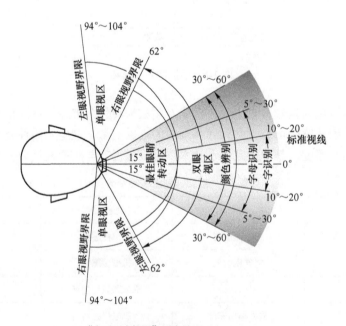

"水平面内视野"居中显示

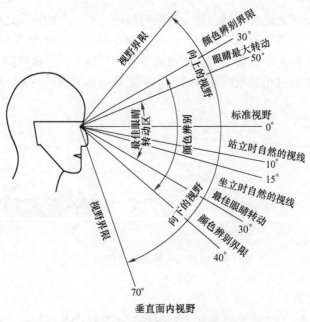

垂直面内视野

图 1-7 人眼的水平和垂直视角

人们判断深度的方法可以分为两大类，单眼深度暗示（monocular depth cues），指的是只依赖于单只眼睛做出的判断。另外一种是双眼深度暗示（binocular depth cues），或者称为立体深度暗示，指的是需要同时依赖于两只眼睛做出的判断。

1.2.2 单眼深度暗示

1.2.2.1 线性透视（linear perspective）

线性透视是在平面上表现立体感的最有效的方法，在绘画艺术中被广泛采用。我们可以在没有障碍物的情况下看到很远的距离，地平线是一条线，它将视野一分为二。上半部分是天空，下半部分是地面。由于透视投影，物体与地平线的距离直接对应于它们的距离。离地平线越近，感知的距离越远。如图 1-8 所示，两根线看起来远处的线要长一点，事实上是一样长。

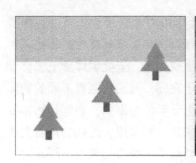 

扫一扫
查看彩图

图 1-8 线性透视体现深度信息

1.2.2.2 相对大小

当你看到两个大小相似的物体时，你会判断它们的外观，大的物体比小的物体更接近你。同样大小的物体，当观看距离不同时，在视网膜上成像的大小也不相同，距离越远，视网膜像越小。视线方向上平行线上对应两点随着视距的增大，在视网膜上所成像点的距离线性减小。由此，可通过比较视网膜像的大小来判断物体的前后关系，如图1-9所示。

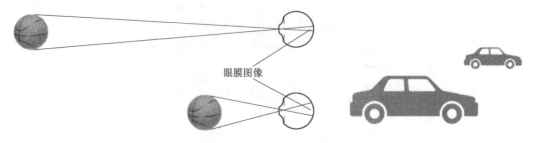

眼膜图像

图1-9　相对大小体现深度信息

1.2.2.3 遮挡关系

当物体部分重叠时，与实际距离相比，后面的那个物体会显得最远。这种对深度的感知，使观察者对相对距离有一个直观的认识。当景物有相互遮挡时，也会产生深度暗示，如图1-10所示，包含球体、柱体和立方体三个几何体，三个几何体在不同遮挡情况下将产生不同的立体视觉。

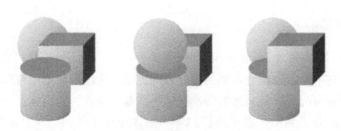

图1-10　遮挡关系体现深度信息

1.2.2.4 运动视差

运动视差（motion parallax）是人眼获得三维立体视觉感知的重要线索。当人在现实场景中左右移动时，所看到的景物会随之发生变化。在当观察者和周围环境中的物体相对做平行运动时，远近不同的物体在运动速度和运动方向上出现差异，近处物体看上去移动快且方向相反，远处的物体移动的慢且方向相同。这是由于在同一时间内距离不同的物体在视网膜上运动的范围不同，近处物体视角大，在视网膜上运动的范围大，而远处物体视角小，在视网膜上运动的范围小，因而产生不同的速度印象。一般来说，近处物体看上去移动快，方向相反；远处物体移动较慢，方向相同。在运动场景中根据对象的不同速度可以判断物体的远近。图1-11为运动视差体现深度信息。

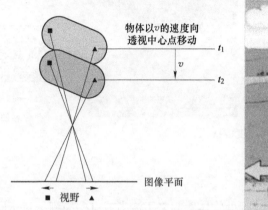

图 1-11　运动视差体现深度信息

1.2.2.5　光和阴影

物体上光亮部分和阴影部分的适当分配可以改变或增强立体感，如图 1-12 所示，其中右图人行道上绘制的阴影，有非常逼真的三维深度效果。

扫一扫
查看彩图

图 1-12　阴影体现深度信息

1.2.2.6　纹理梯度

视野中物体在视网膜上的投影大小及投影密度上的递增和递减，称为纹理梯度（texture gradient）。当你站在一条砖块铺的路上向远处观察，你就会看到越远的砖块越显得小，即远处部分每一单位面积砖块的数量在网膜上的像较多。

1.2.2.7　调整焦距

你看不同远近的对象时，眼睛会一起移动，以便聚焦在近处的物体上，但又与远处的物体相距较远。当会聚发生时，眼睛必须先旋转，才能聚焦在一个物体上。这种聚焦的提示也可以帮助确定物体离你有多远。看见近处一物体，有些模糊，所以睫状肌拉动晶状体调整焦距将眼睛聚焦上去，而改变晶状体的过程就叫调焦（accommodation），如图 1-13 所示。看远处时压扁，看近处时拉长。可以用景深（Depth of field）来模拟调焦的效果。

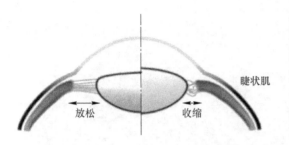

图1-13   焦距调整体现深度信息

1.2.2.8   环境影响

由于大气层的影响，与较近的物体相比，远处物体看起来不清晰或有些模糊。对于同一场景，景物的模糊度不同也可以产生深度暗示。近处的景物比远处的景物或多或少有些模糊，这样也可以产生深度暗示。景物越远，其发出的光线被空气中的微粒（如尘埃、烟、水汽）散射越多，因而显得越模糊。

1.2.3   双眼深度暗示

双眼深度暗示主要包括两类：聚焦与视差。我们的眼睛注视物体时要考虑到调焦（accommodative）和聚散（vergence），调焦就是调整晶状体大小把焦点对准当前的深度平面。聚散则是眼睛内部转动让视线聚焦在某个点。这两个相互影响，收敛眼睛的聚散度会影响眼睛调节晶状体，这时产生的深度暗示称为聚散暗示。图1-14为眼睛调焦的深度暗示。

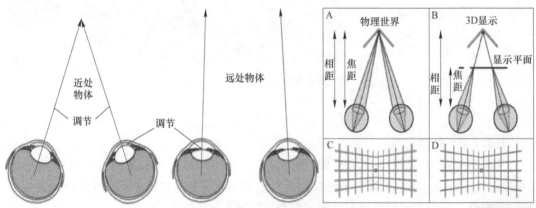

图1-14   眼睛调焦的深度暗示

早在1839年，英国著名的科学家温特斯顿就在思考一个问题——人类观察到的世界为什么是立体的？经过一系列研究发现：因为人长着两只眼睛。人的双眼大约相隔6.5cm，观察物体（如一排重叠的保龄球瓶）时，两只眼睛从不同的位置和角度注视着物体，左眼看到左侧，右眼看到右侧。这排球瓶同时在视网膜上成像，而我们的大脑可以通过对比这两副不同的"影像"自动区分出物体的距离远近，从而产生强烈的立体感，引起这种立体感觉的效应叫作"视觉位移"。用两只眼睛同时观察一个物体时物体上每一点对两只眼睛都有一个张角。物体离双眼越近，其上每一点对双眼的张角越大，视差位移也越大。

立体视差（见图1-15）是人眼获得三维立体视觉感知的最重要线索。人眼在观察现实世界时，现实世界的光线在景物间产生反射折射等现象，最终所形成的光线投射到眼底视网膜上成像，视神经将信号传输到大脑皮层的视觉处理区域，从而获得对景物的视觉感知。由于人的左右眼位置不同，景物在左右眼的视网膜上所投射的像也会有所不同。例如，当你在眼前举起食指，并交替地先闭上左眼，用右眼观察，然后闭上右眼，用左眼观察，你会发现食指和远处背景的相对位置在左右眼看来会明显不同，形成双目立体视差，由此产生不同深度的感觉。

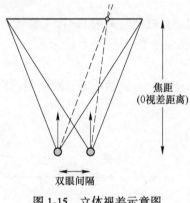

焦距
（0视差距离）

双眼间隔

扫一扫
查看彩图

图1-15 立体视差示意图

立体眼镜已经发展了近200年的历史，当前的沉浸技术是通过计算机图形图像技术来生成左右眼不同的画面，并通过立体显示技术，来分别给左右眼同步展示不同画面，从而模拟人眼立体视差效果，可通过直接给左右眼分屏来实现立体显示，通过左右眼的眼罩来保证左眼只看到左边屏幕画面，右眼只看到右边屏幕画面，带来立体深度的感觉。

立体视差是两眼图像的视差，根据在投影屏幕的前后，可分为正视差、零视差和负视差，如图1-16所示。

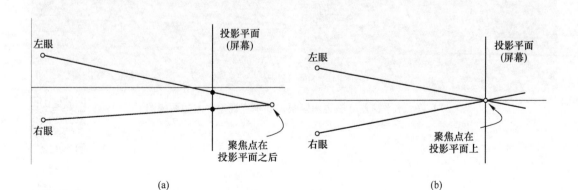

(a)   (b)

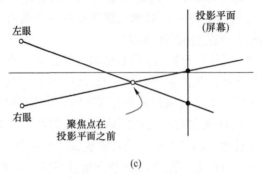

图 1-16   正视差、零视差和负视差

(a) 正视差；(b) 零视差；(c) 负视差

在视觉系统中常使用水平视差，不使用垂直视差。采用 toe-in（旋转）方法如图 1-17 左边两幅图，会产生垂直视差，从而造成视觉上的不适感。应采用 off-axis 方法，如图 1-17右边两幅图。

根据认知心理学分析，人们对不同的深度暗示，包括单眼和双眼的深度暗示，其敏感性不尽相同。

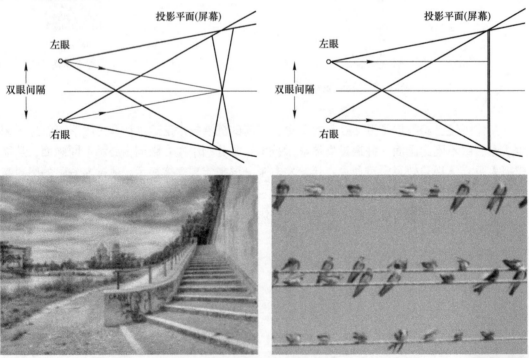

图 1-17   水平视差（右边两幅图）和垂直视差（左边两幅图）

1.3 虚拟现实系统与组成

VR/AR 系统可简单地分为三部分：输入、计算和输出，如图 1-18 所示。

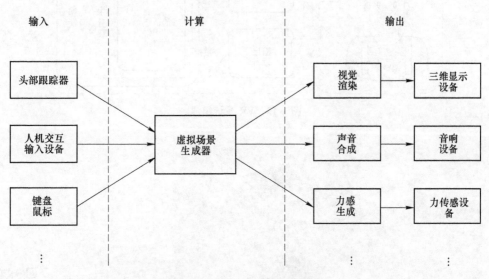

图 1-18　VR/AR 系统组成简图

输入部分：各种人机交互设备，如头部跟踪器、键盘鼠标、力传感设备等。

计算部分：该部分是虚拟场景生成器（virtual world generator），其根据输入设备，实时产生虚拟场景（主要是视觉部分，当然也包括其他通道信息），三维几何场景的刷新速度，会影响到人机体验，当前产生的帧数已经高达 240Hz 刷新率。

输出部分：输出视觉、听觉、触觉等，并输出到硬件设备，让人形成体验。

其中计算部分是核心，即虚拟场景生成器，根据输入的不同，实时生成视觉等多通道的输出。虚拟场景生成器就是计算机中生成显示的系统，即计算机图形子系统，其图形处理操作主要在 GPU 中进行。

1.3.1 VR 系统组成

虚拟现实是利用电脑模拟产生的完全数字化的虚拟世界，提供使用者关于视觉、听觉、触觉等感官的模拟，让使用者如同身临其境一般，可以没有限制地观察三维场景。

VR 虚拟沉浸基本结构如图 1-19 所示，分为三部分。

1.3.1.1 大型投影式 VR 系统

目前支持多人沉浸的大型虚拟现实系统仍然造价不菲，大型沉浸虚拟现实系统对于多人协同研发，在今天仍然有必要。多人同在一个讨论环境，进行多学科的设计协同、综合优化评估，对于像汽车设计、飞机设计等非常有用处。图 1-20 是亚琛大学 RWTH 的 CAVE 系统。

14

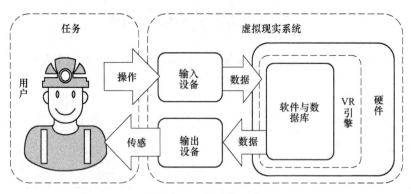

图 1-19　VR 系统组成

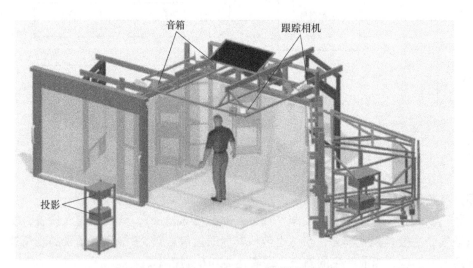

扫一扫
查看彩图

图 1-20　亚琛大学 CAVE 大型虚拟现实环境

大型沉浸 VR 系统根据投影面，分为 CAVE 系统（最多包括六面墙，大多 4~5 面），墙式系统（常见的有 3 折构成巨幕），图 1-21 分别是两折墙和单面墙投影虚拟现实系统。

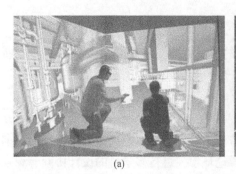
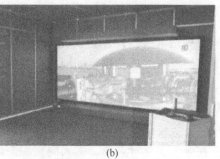

（a）　　　　　　　　　　　（b）

扫一扫
查看彩图

图 1-21　墙面投影虚拟现实系统

（a）两折墙；（b）单面投影墙

1.3.1.2 头盔沉浸系统

头盔（HMD）是一种头戴式显示设备，全方位覆盖体验者视角，营造出更加身临其境的沉浸效果。可辅以 6 自由度的头部位置跟踪和全身动作捕捉设备，通过对体验者视点位置的捕捉，使头盔显示内容进行相应改变，应用于单人及多人协同体验中，提升交互感和体验感。

1.3.2 AR 系统组成

增强现实系统与 VR 系统略有区别，三维显示部分相差不大，核心是增加的视景融合部分软硬件。

常见的 AR 系统如图 1-22 所示，包括两大部分：三维场景、跟踪系统。其中跟踪系统将场景中的虚拟对象注册到相机捕捉到的实际场景中，合并后从一个图像输出。

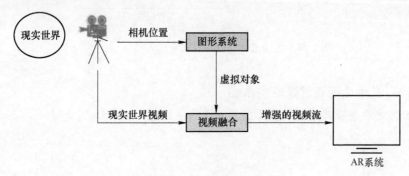

图 1-22   AR 系统基本构成

1.3.2.1 头盔式 AR 系统

头盔式显示器（Head-Mounted Displays，HMD）被广泛应用于虚拟现实系统中，用以增强用户的视觉沉浸感。根据具体实现原理划分为两大类，分别是基于光学原理的穿透式 HMD 和基于视频合成技术的穿透式 HMD，如图 1-23 所示。

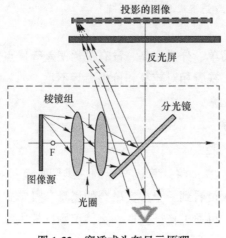

扫一扫

查看彩图

图 1-23   穿透式头盔显示原理

1.3.2.2　视频透视式增强现实系统

图 1-24 为视频透视式增强现实系统。

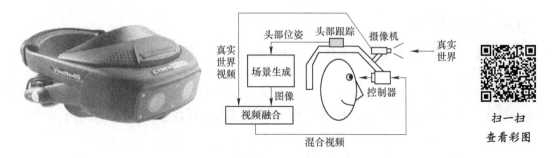

图 1-24　视频透视式增强现实系统

1.3.2.3　光学透视式增强现实系统

图 1-25 为光学透视式增强现实系统。

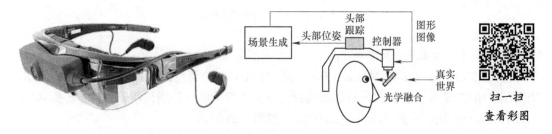

图 1-25　光学透视式增强现实系统

光学透视式增强现实系统有简单、分辨率高、没有视觉偏差等优点，但它同时也存在着定位精度要求高、延迟匹配难、视野相对较窄和价格高等不足。

1.3.2.4　移动平板式 AR 系统

图 1-26 为移动平板式 AR 系统。

1.3.2.5　投影式 AR 系统

投影式增强现实系统（见图 1-27）将计算机产生的三维图形利用投影仪直接投影并叠加到真实场景中，从而使操作人员看到一个虚实融合的场景。投影式增强现实系统在工业生产领域具有广泛的应用前景，可通过特征提取、物体识别，提供给现场工人，辅助生产，如图 1-28 所示。

图 1-26　移动平板式 AR 系统

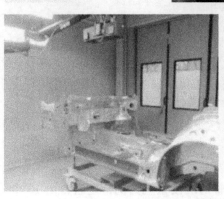

图 1-27　投射式增强现实系统

扫一扫
查看彩图

图 1-28　洛克希德·马丁在飞机装配时使用投影式 AR 来添加装配引导的信息

1.3.3　大型沉浸式 VR 系统搭建

怎样获得一个虚拟沉浸的三维场景，图 1-29 给出了一个基本结构。

基本结构分为三部分：

（1）输入部分。各种人机交互设备，如头部跟踪器、键盘鼠标、力传感设备等。

（2）计算部分。该部分是虚拟场景生成器，其根据输入设备，实时产生虚拟场景（主要是视觉部分，当然也包括其他通道信息）。三维几何场景的刷新速度会影响到人机体验，当前产生的帧数已经高达 240Hz。

（3）输出部分。根据输入，输出视觉、听觉、触觉等，并输出到硬件设备，让人形成体验。

图 1-30 为背投式虚拟沉浸系统。

以目前虚拟系统领先集成商 rbd 公司的一套完整的沉浸系统为例，它通常由 10 个分系统组成，见表 1-2。

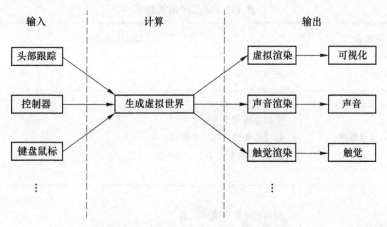

图 1-29　虚拟三维沉浸式的基本结构

图 1-30　背投式虚拟沉浸系统

扫一扫
查看彩图

表 1-2 虚拟分系统组成

分系统名称	实现功能描述
投影系统	显示立体影像
立体信号发生系统	生成立体同步信号； 传输和处理立体同步信号； 切换左/右眼时序
计算机系统	应用软件运行载体； 生成影像
交互系统	追踪头部/手部的空间位置； 输入手部指令
信号传输系统	传输计算机生成的数字信号
多画面处理系统	接入笔记本电脑信号
集中控制系统	控制各计算机开/关机； 控制各投影机开/关机； 控制灯光； 控制切换左/右眼时序； 控制窗帘
音响系统	音频输出
辅助设备	辅助投影机安装； 辅助投影系统调试； 辅助交互系统调试
应用软件系统	为多种 3D 应用程序提供虚拟现实接口

技术方案结构如图 1-31 所示。

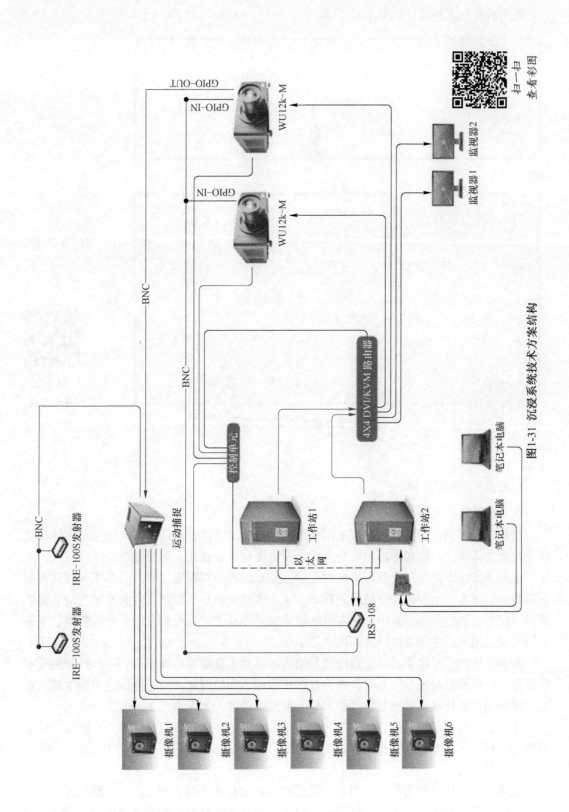

图1-31 沉浸系统技术方案结构

投影系统的光路设计如图 1-32 所示。

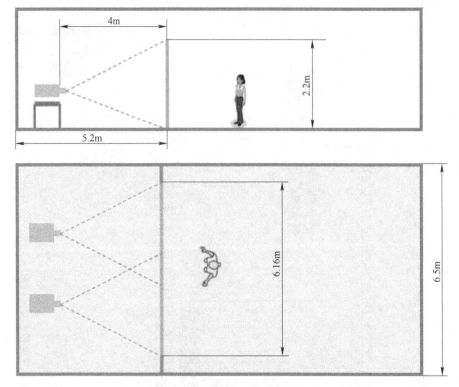

图 1-32   投影系统光路设计视图

1.3.3.1 投影系统

A   投影模式选型分析

投影屏幕形状指的是投影屏幕选用平面还是弧形。立体模式指的是选用主动立体模式还是被动立体模式。投影屏幕的安装方式是指选用背投安装还是前投安装。

主动立体技术是用一个投影机投射图像，某瞬间投射左眼看到的信号，下一瞬间投射右眼看到的信号。当投射左眼信号的瞬间，从工作站发出一个控制信号去控制主动立体眼镜的左镜片，使它打开，这个时候右眼的镜片关闭；反之，当投射右眼信号的时候，左眼的镜片是关闭的。主动立体的光利用率是 16%。

被动立体技术是将影像的左右眼信号输出到两台垂直叠加的投影机，一台投影机投右眼影像，一台投影机投左眼影像，两台投影机采用不同的极化方向，再通过被动立体眼镜左右眼的偏振极化镜片实现立体投影效果。被动立体的光利用率是 38%。

现在，我们已经知道被动立体的光使用率要比主动立体高。但是，这并不能成为被动立体比主动立体要好的主要依据。确定某一用户场地到底是采用哪一种立体模式，是需要经过严格测算的。

被动立体虽然有较高的光使用率，但是它的有效观测视角只有 11°。这就是说，只有在正对着屏幕的较为狭窄的一段区间内，观测者接收到的反射光强度是相同的，反之，如果观测者的位置超出这一有效空间，观测者接收到的反射光强度会立刻减弱。这一现象会造成观测者在有效观测视角以外看到的画面亮度有很大差别。图1-33为被动立体投影原理。

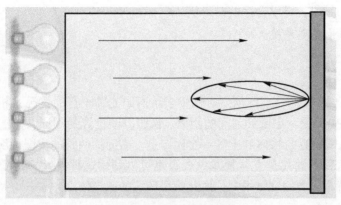

图1-33　被动立体投影原理

主动立体则不会产生这样的问题，入射光线到达屏幕后，反射光的漫反射角度比被动立体的要高5.9倍，它的有效观测视角为60°。因此，采用主动立体模式时，即使选用圆弧形屏幕，也能保证亮度的一致性。图1-34为主动立体投影原理。

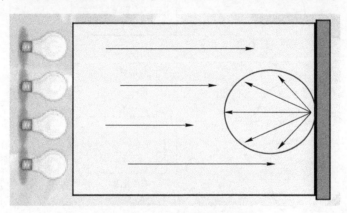

图1-34　主动立体投影原理

此外，前投屏幕反射的色彩与屏幕材料的质量有关，因为前投材料是不透明的反射材料，投影机的亮度及其重现色彩的精度也是重现真实色彩的影响因素。由于背投是穿透式的，所以背投的色彩重现质量比前投的好。不论是前投还是背投，色彩重现精度取决于屏幕表面和环境光亮度。如果屏幕增益相同，那色彩重现精度也一定相同。色彩重现精度与前投或背投无关。但是，前投的环境光不容易控制，而背投容易控制环境光。由于背投就是投影机在屏幕的背后，设计背投方案的时候要为投影机留一个空间，这个空间叫黑房或者是屏幕背后的房间，黑房要求一定是没有其他的环境光影响的，即完全黑的。所以，一般来说，背投的色彩重现质量比前投好。

根据以上的论述并针对用户的实际情况，建议采用背投屏幕模式和主动立体技术。

B　光学属性分析

对光学属性进行计算是为了使系统能符合国际投影设计的规范，使选用的投影机既不至于达不到国际投影设计规范要求的亮度，又不至于超越设计规范要求而造成资源浪费。它的目的是根据计算的结果，寻求合适的投影机。

1.3.3.2　立体信号发生系统

A　立体显示技术

a　原理

3D 立体显示的基本原理如图 1-35 所示。图中表示两眼光轴平行的情况，相当于两眼注视远处。内瞳距（IPD）是两眼瞳孔之间的距离。两眼空间位置的不同，是产生立体视觉的原因。F 是距离人眼较近的物体 B 上的一个固定点。右面的两眼的视图说明，F 点在视图中的位置不同，这种不同就是立体视差。人眼也可以利用这种视差，判断物体的远近，产生深度感。这就是人类的立体视觉，由此获得环境的三维信息。

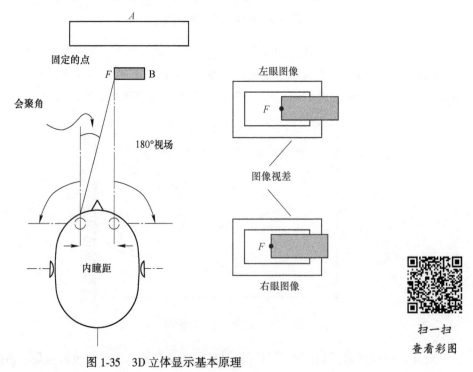

扫一扫
查看彩图

图 1-35　3D 立体显示基本原理

立体沉浸感是虚拟现实（VR）系统的基本特点。虚拟现实（VR）系统采用的主要显示技术有：

（1）主动立体显示技术。

1）标准红外线主动立体技术。

2）DLP LINK 3D 立体技术。

（2）被动立体显示技术。

1）线性极化和圆周极化立体显示技术。

2）光谱（infitec）立体显示技术。

b 主动立体显示技术

红外主动立体显示是将分别对应左眼和右眼的两路视频信号，轮流在屏幕上显示。它们的频率为标准更新率的两倍。观看者佩戴具有液晶光阀的立体眼镜。液晶光阀的开关，与显示的图像同步。于是，在显示左眼的图像时，左眼的光阀打开，右眼的光阀关闭。同步信号可以通过红外信号由发射器传送到眼镜上，眼睛就可以在无线状态下工作。图 1-36 为主动立体工作原理。

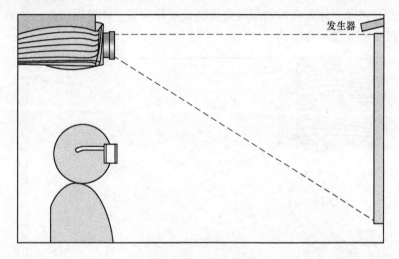

图 1-36 主动立体

在虚拟现实系统中使用主动立体需要配置相应的主动立体信号发射器（emitter）和主动立体眼镜（active stereo glasses）。图 1-37 为主动立体眼镜和发射器。

扫一扫
查看彩图

图 1-37 主动立体眼镜和发射器

多台投影机同时工作时，强制同步锁相确保所有投影机同步显示左眼或右眼图像。视频刷新率必须足够高（通常为 120Hz 左右），以确保用户不会察觉到闪烁。特定的 CRT 和 3 片 DLP 投影机提供主动立体。单片 DLP 可能很快将会支持主动立体。在所有情况下，只有适应主动立体用途的投影机支持优质的主动立体效果。

红外 1DLP Link 是最近出现的投影机的 3D 影像技术，它由德州仪器开发。DLP Link 是一个在左右眼对应画面间加入脉冲同步信号的技术，120Hz 刷新率下，每 1/120s 显示完一幅左眼或者右眼对应的画面之后，紧跟着 DLP 芯片会发出一个白峰脉冲，3D 眼镜前端的光敏元件感受到这一脉冲，便进行左右镜片的液晶光阀交替开闭动作，从而完成同步动作。使用 DLP Link 的最大优点是不需要立体信号发射器。但是 DLP Link 不能控制左右眼时序，所以在 CAVE 显示环境中不会考虑使用 DLP Link 技术。

　　c　被动立体显示技术

　　被动立体显示技术（见图 1-38 和图 1-39）是将影像的左右眼信号输出到两台垂直叠加的投影机，一台投影机投右眼影像，一台投影机投左眼影像，两台投影机采用不同的极化方向，再通过被动立体眼镜左右眼的偏振极化镜片实现立体投影效果。被动立体显示技术主要分为极化和光谱两种模式。

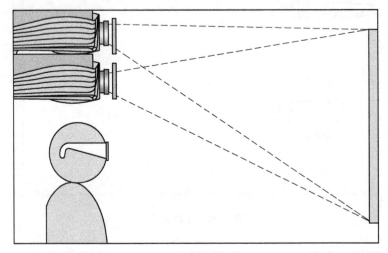

图 1-38　被动立体

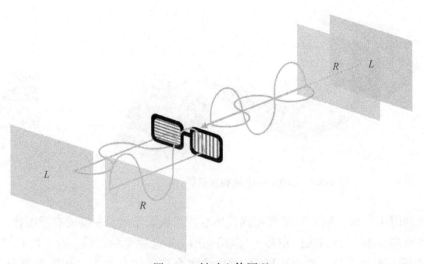

扫一扫
查看彩图

图 1-39　被动立体原理

　　（1）线性极化和圆周极化立体显示技术：左右眼图像被分别极化，用户佩戴偏光滤光镜眼镜阻挡另外一眼的图像。光可被线性极化或圆周极化。线性极化滤光镜比圆周极化滤光镜便宜，但当用户倾斜头部的时候图像分离就会丢失。两种技术都需要维持极化的特殊屏幕。此类屏幕通常是高增益屏幕，而低增益屏幕更适用于消除太阳效应（太阳效应在平铺多投影机时格外醒目）。

在虚拟现实系统中使用被动立体需要配置相应的被动立体眼镜（passive stereo glasses）（见图1-40）和偏振片（见图1-41），但不需要发射器。

图 1-40　被动立体眼镜

图 1-41　偏振片

扫一扫
查看彩图

（2）光谱（infitec）立体显示技术：光谱颜色被分为六个区块，每两个区块负责一种原色。每只眼睛关联到各颜色的一个区块。投影机和眼镜上的特定滤光镜用于分离左右眼图像。infltec 对屏幕材质没有任何约束，并且允许用户自由倾斜头部，但是需要使用硬件或软件技术来纠正偏色。图 1-42 为光谱颜色区块示意图。

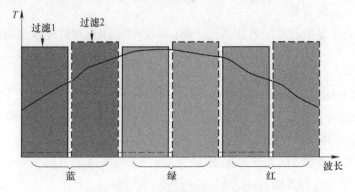

图 1-42　光谱颜色区块示意图

扫一扫
查看彩图

在虚拟现实系统中使用光谱立体需要配置相应的光谱立体眼镜（infitec stereo glasses）（见图 1-43）。光谱立体本质上是一种被动立体技术。实现光谱立体显示有两种具体方法：

1）使用两台普通投影机，并在投影机镜头前安装滤光片。

2）使用一台主动立体投影机，并在投影机上安装内置滤光片和控制器。

扫一扫
查看彩图

图 1-43　光谱立体眼镜

d 几种立体显示技术的对比

主动立体、被动立体和光谱立体对比情况见表1-3。

表1-3 主动立体、被动立体和光谱立体对比

项目	投影机	立体设备	立体眼镜	屏幕	光效	优点	缺点
主动立体	1台主动立体投影机	红外立体发射器	液晶	普通	16%	设备投资低；普通屏幕；光效率较高	运营成本高
被动立体	2台任意投影机	偏振片	偏振	金属	38%	光效率高；眼镜便宜	管理复杂；需要金属屏幕
光谱立体	1台主动立体投影机	内置滤光片；控制器	光谱	普通	9%	普通屏幕	运营成本高；光效率低；设备投资高
	2台任意投影机	滤光片	光谱	普通	9%	普通屏幕	光效率低

B 立体信号发生系统组成

根据以上章节对立体显示技术的系统描述，建议本系统采用标准红外线主动立体成像技术。

立体信号发生系统由以下设备组成：

（1）IRE100 红外立体信号发射器（X2）；

（2）IRS108 立体信号分配处理器（X1）；

（3）ST-PRO 主动立体眼镜（X20）。

C 立体信号发生系统结构/工作原理图

图1-44 为立体信号工作原理图。

D 立体信号发生系统涉及产品分项说明

IRE-100S 立体信号发射器是专门为主动立体投影系统设计的高带宽红外立体信号发射器，该产品的最大特点是可对多种不同品牌的主动立体眼镜提供支持。IRE-100S 立体信号发射器可支持 Crystal eyes，NUVISION，NVIDIA 3DVISION，XPAD 等3D立体眼镜。

1.3.3.3 计算机系统

本系统使用 HP 图形工作站作为系统的图形发生器。其中包括1台管理工作站，配置有2个专业显示器；另外2台相同的 HP 工作站（图形发生节点），分别配置有一台专业显示器，在需要进行渲染工作时，2台工作站可以组成一个小型的计算集群，用于专门的渲染工作；而在日常情况下，可以作为单独的图形工作站使用。

整个计算机系统包括：

（1）HP Z640 工作站（3台）；

（2）HP Z24n 专业显示器（4台）；

（3）H3C 24 口以太网交换机（X1）；

（4）RBD 图形集群管理软件系统。

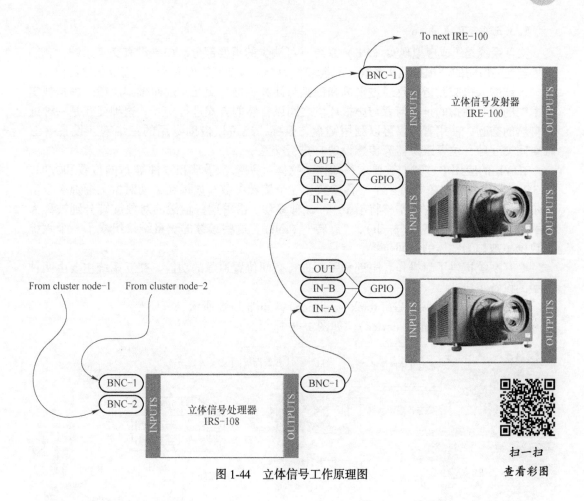

图 1-44　立体信号工作原理图

HP Z640 图形工作站配置为：

（1）925W 基本模块；

（2）INTEL XEON E5-1630v3 3.7GHz 10M 2133 4C CPU；

（3）32GB DDR4-2133 Reg ECC 内存；

（4）256GB SATA SSD 硬盘；

（5）2 X 1TB SATA 硬盘；

（6）9.5mm Slim SuperMulti DVDRW 光驱；

（7）NVIDIA M6000 图形卡；

（8）WINDOWS7 Pro 64-bit 操作系统。

这样设计计算机系统是为了达到以下 3 点使用要求：

（1）每个图形发生节点独立运行应用，它们的显示画面可通过 DVI 矩阵，分别被切换到投影机进行独立显示。

（2）两个图形节点互为备份，一旦有图形节点产生故障，另一图形节点能够立刻作为替补运行。

（3）两个图形节点组成集群，共同运行一个应用程序。两个图形节点组成 SERVER/CLIENT 结构，互为充当 SERVER 或 CLIENT。

1.3.3.4 交互系统

交互系统是组成虚拟现实（VR）系统不可缺少的重要部分。如果没有交互系统，我们认为建立的所谓的"虚拟现实系统"只能被称为带立体功能的投影系统或者立体电影院。

传统的人机交互指的是通过鼠标和键盘与计算机进行交互，进而得到反馈。虚拟现实技术中的交互性指的是参与者与虚拟环境之间以自然的方式进行交互。这种交互是一种近乎自然的交互，使用者不仅可以利用键盘、鼠标，还可以借助专用的三维交互设备（三维空间交互球、位置跟踪器等传感设备）进行交互。

在 VR 的应用中，我们被要求获知移动物体（头部，手部和零件等）的位置和方向。在 3D 空间中移动对象共有三个平移参数和三个旋转参数。如果在移动对象上捆绑一个笛卡尔坐标系统，那么它的平移将沿 x，y，z 轴移动。沿着这些轴做的对象旋转分别被称为"偏航"（yaw），"倾斜"（pitch），"旋转"（roll）。这些参数的测量结果组成了一个六维的数据集被称为物体的空间位置。

交互系统提供了对操作者眼部和手部进行空间位置追踪的功能。交互系统主要由两种类型的设备组成：

（1）空间位置追踪设备（tracking device），如图 1-45 所示。

（2）输入设备（input device），如图 1-46 所示。

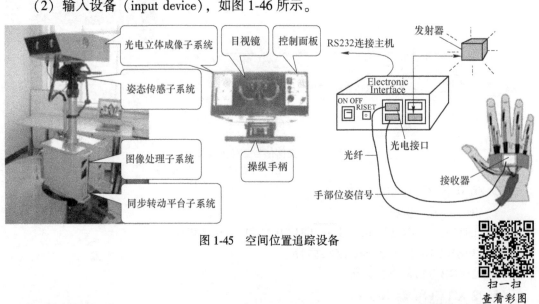

图 1-45　空间位置追踪设备

图 1-46　输入设备

扫一扫
查看彩图

为了和虚拟场景交互，必须确定真实世界对象的位置。空间位置追踪设备负责对眼部和手部位置进行追踪。输入设备类似于一种特殊的鼠标，主要负责手部操作信号的输入。

常用的运动捕捉技术从原理上说可分为光学式、惯性式、机械式、电磁式等，不同原理的设备各有其优缺点，见表1-4。

表1-4 光学式、惯性式、机械式和电磁式运动捕捉技术原理

种类	工作原理	优点	缺点
光学式	使用光学感知来确定对象的实时位置和方向	速度快、具有较高的更新率和较低的延迟，较适合实时性强的场合； 在小范围内工作效果好	容易被遮挡
惯性式	通过惯性盲推得出被跟踪物体的位置	不存在发射源； 不怕遮挡； 没有外界干扰； 有无限大的工作空间	快速积累误差
机械式	使用连杆装置组成	价格比较便宜； 精确度较高； 响应时间短； 可以测量物体整个身体运动，没有延迟，而且不受声、光、电磁波等外界干扰； 能够与力反馈装置组合在一起	比较笨重，不灵活，而且有惯性； 由于机械连接的限制，其工作空间也受到一定的限制，而且工作空间中还有一块中心地带是不能进入的，俗称机械系统死角，使机械设备不能进入
电磁式	利用磁场的强度进行位置和方位跟踪	价格较低； 精度适中； 采样率高（可达120次/秒）； 工作范围大（可达60m）	易受电子设备、铁磁场材料的干扰，可能导致磁场变形引起误差； 测量距离加大时误差增加； 时间延迟大（33ms），有小的抖动

A 交互系统的组成

本技术方案的交互系统选用 ART TRACKPACK/E 运动追踪系统，它主要由以下设备组成：

（1）6个 ART TRACKPACK/E 摄像头；

（2）FLYSTICK2 操作手柄；

（3）TRACKPACK 控制器；

（4）DTRACK2 软件；

（5）Fingertracking 数据手套；

（6）Oculus 数据头盔显示器；

（7）头部追踪标识。

B 交互系统工作原理

利用多个相机组成的捕捉空间，相机上的近红外 LED 照射目标物上的反射标记点，相机对标记点进行红外成像，提取标记点的二维信息，通过多个相机对同一标记点反馈的空间数据，计算出标志点的三维位置信息，动捕系统将完成对表演者的动作连续拍摄、图像存储、分析、处理，完成对运动轨迹的实时记录。

C　交互系统主要设备

a　TRACKPACK 摄像头

TRACKPACK 摄像头是最多 3.0m 距离的解决方案。配备标准 3.5mm 镜头，可覆盖较大面积的视场（FOV）。最大帧率为 60Hz，内置 IR-flash 强度可调节，七个步骤即可完成设置。主要功能通过 ART 的 Dtrack2 软件进行控制。由于其采用无源冷却系统（无风扇），TRACKPACK 摄像头也适合多尘或无声环境。

TRACKPACK 系统具有以下技术性能：

（1）最大跟踪距离 3.0m；

（2）无声、无风扇；

（3）内置红外闪光（NIR、850nm）；

（4）主动标记同步调节闪光灯；

（5）标准焦距 $f=3.5\text{mm}$；

（6）标准视场 $73°×58°$。

b　FLYSTICK2

FLYSTICK2 是广泛使用的无线交互设备，适用于标准 VR 应用。FLYSTICK2 有 6 个按钮和 1 个模拟操纵杆。最多可同时使用 4 个 FLYSTICK2。在 ISM 波段使用 1 个 USB 收发器保证至控制器的无线数据传输。FLYSTICK2 数据可被 trackd、VRPN、VR Juggler 和大多数直接接口应用接收。

为了安装在不可能甚至不允许无线电传输的场合，FLYSTICK2 同时具有有线版本。

c　ART 软件 DTRACK2

ART 软件 DTRACK2 控制整个跟踪系统的所有功能。跟踪系统由摄像头、交互设备、目标对象和一个 ARTTRACK 或 TRACKPACK 控制器构成。

DTRACK2 由前端和后端软件构成。前端软件安装在通过以太网连接到控制器的远程 PC 上。图形用户界面（GUI）使用户能够从远程 PC 完全控制跟踪系统，让系统更加灵活（即不同工作地点的不同用户可以在任何时间控制跟踪系统）。基于 Linux 的后端软件在执行所有必要计算（3 自由度、6 自由度数据等）的控制器上运行。数据通过 TCP/IP 连接在控制器和远程 PC 之间交换。

DTRACK2 控制软件具有以下技术特点：

（1）安装 DTRACK2 软件的 PC 轻松实现远程访问。

（2）即使没有 DTRACK2 前端软件，也能通过 TCP/IP 使用短指令字符串（ASC Ⅱ）交换实现远程控制。指令字符串可植入媒体控制或客户软件以控制跟踪系统，例如：可远程加载配置。

（3）强制控制器进入待机模式。

（4）许可管理。

（5）可创建不同配置，例如：配合不同目标对象或闪光灯设置。这些配置与用户名关联，从而轻松实现分配。

（6）通过前端更新摄像头。

（7）准确快速的房间校准和快速的身体校准。

（8）变更摄像头位置后，系统仅需几分钟就能投入使用。

(9) 同时检测和跟踪多达 30 个刚体（目标）。

(10) 可识别和跟踪额外单个 3 自由度标记。

(11) 监视器模式显示 2D 摄像头坐标，使系统设置更方便、更易调节。

(12) 各附加摄像头配备一套可调节参数，各附加摄像头配备一套闪光灯。

(13) 集成 FLYSTICK 和空间坐标直接传输、旋转及按钮事件和输出数据同时传输。

(14) 经过以太网输出数据。

(15) 通过身体调节轻松操纵 6 自由度目标。

d Fingertracking

Fingertracking 是一款和 ART 跟踪系统一起工作，以获得手的姿态和手指的位置信息的一种数据采集设备。它是无线的，可以一只手工作，或两只手同时工作，并提供 3 个或 5 个手指两个版本。其工作原理是通过红外光学跟踪摄像头，配合无源或有源标记来定位和跟踪手指的运动或手的姿态。

Fingertracking 设备的组成：

(1) 安装于手背上的主动手靶，通过一个调制的闪光来完成信号同步，一个可充电的电池为这个装置提供低压电源。

(2) 3 个或 5 个主动式手指标记，每个都是由一个红外发光二极管与扩散小球、一个固定的手指尖和灵活的电线组成，这些活动的标记是按照时序定位，并由一个主动式手部标记单元来控制。

输出数据的组成：

(1) 手的位置和方向。

(2) 跟踪的手指的数目以及对左右手的区分值。

(3) 最外部的指骨位置和方向，在手部坐标系下可以估算的指尖的半径、位置和方向。

(4) 指骨间的角度和长度（通过跟踪标记和经验获得）。

e Oculus Rift

Oculus Rift 是一款虚拟现实显示器，能够使使用者身体感官中"视觉"的部分如同进入虚拟世界中。Oculus Rift 提供的是虚拟现实体验，戴上后几乎没有"屏幕"这个概念，用户看到的是整个世界。在计算机提供的三维世界中，使用者如同身临其境。

Oculus Rift 具有两个目镜，每个目镜的分辨率为 640×800，双眼的视觉合并之后拥有 1280×800 的分辨率。并且具有陀螺仪控制的视角是这款产品一大特色，这样一来，操作时的沉浸感大幅提升。

Oculus Rift 可以通过 DVI、HDMI、micro USB 接口连接电脑或其他设备。

Oculus Rift DK2 的主体前面有商标和版本，主体上方有两条线缆，其实就是一根 HDMI 和一根 MiniUSB 线。一个电源开关，最右侧可以看到被橡胶塞住的调试口。机器两侧有旋钮，可以调节眼罩大小，内已装好 2 块透镜。线缆从脑袋后引出，编制外皮。线末端有个控制器，左侧有个电源接口，以及引出的 HDMI 和 USB 接头。右侧是 2.5mm 的音频口。这里被 Oculus Rift DK2 作为同步信号用。

f　头部追踪标识

ART 公司为各种类型的立体眼镜，数据头盔提供定制的追踪标识。对每一种特定类型的追踪标识还提供多个不同型号，以便用户在同一系统中能够同时使用多个追踪标识。

1.3.3.5　信号传输系统

计算机内部传输的是二进制的数字信号，如果用 VGA 接口连接显示设备，就需要先把信号通过显卡中的 D/A（数字/模拟）转换器转变为 R、G、B 三原色信号和行、场同步信号，这些信号通过模拟信号线传输到液晶内部还需要相应的 A/D（模拟/数字）转换器将模拟信号再一次转变成数字信号才能在显示设备上显示出图像来。

在上述 D/A、A/D 转换和信号传输过程中，信号不可避免会出现损失和受到干扰，导致图像出现失真甚至显示错误，而 DVI 接口无须进行转换，大大节省了时间，因此它的速度更快，有效消除拖影现象。而且使用 DVI 进行数据传输，信号没有衰减，色彩更纯净、更逼真，图像的清晰度和细节表现力都得到了大大提高。

通过 Gefen EXT-DVIKVM-444DL 矩阵分配器可切换 4 个双链路 DVI 信号。矩阵提供了一种简单、可靠和高效创建并行计算机工作站的方法，在任何时候通过远程控制，每个工作站能够访问任何一台计算机或源。

该 4×4 DVI 双链路的 KVM 矩阵有四路双链路 DVI 输入及四路双链路 DVI 输出。简单地将四台计算机的双链路 DVI 视频口连接到 KVM 矩阵的输入端，然后将四台 DVI 双链路显示器接到输出端。USB 键盘、鼠标和模拟音频信号，一旦连接会按照选定的双链路 DVI 输入每台计算机。

Gefen EXT-DVIKVM-444DL 矩阵分配器具有以下技术特点：

（1）观看 4 个双链路 DVI 中的任意一个视频源。

（2）支持的视频分辨率高达 3840×2400。

（3）支持 PC 或 Mac 的 USB 键盘/鼠标。

（4）支持 DDWG 标准的 DVI 显示器。

（5）由红外遥控器（包含在内）或 RS-232 指令控制路由器。

（6）支持锁定电源。

1.3.3.6　多画面处理系统

所谓的多画面处理系统就是多窗口信息显示功能。多窗口信息显示就是为了能够让用户把自己的多台笔记本电脑或其他台式机的桌面以画中画的模式接入到投影系统中去。

实现多窗口信息显示功能可以有多种方法：软件法和硬件法。

软件法主要有通过 VNC 软件，远程桌面（remote desktop）或专用软件（例如：RGS 软件）实现多窗口信息显示功能。传统的 VNC 或远程桌面接入使用网络作为载体，当用户需要在接入的笔记本电脑或台式机上播放影片或运行实时 3D 应用时，画面的更新速率受限于网络的速度。此外，传统的 VNC 或远程桌面接入需要在接入和被接入端安装特定的软件或进行特定设置。

硬件法是通过硬件采集的手段直接将笔记本电脑或台式机的显示信号通过硬件采集到投影系统中。通过硬件法实现多窗口信息显示功能不需要在被接入端的计算机上安装任何软件。常见的通过硬件法实现窗口信息显示功能的解决方案主要有：BARCO 的 XDS 系统，科视的 SPYDER 系统。

1.3.3.7 集中控制系统

虚拟现实系统包含了各种设备（例如：投影系统、视频显示系统、扩声系统、灯光系统等），并且集合了电脑及多种视音频输入/输出设备。操作者通过集中控制系统可以对每个设备实现控制，完成设备间的信号切换。

1.3.3.8 听觉系统

Bose MusicMonitor 是微型音箱中的典范之作，它采用了铝合金箱体，做工十分精细。配备两英寸的纸盆全频带扬声器，采用了双被动盆来增强低音，Bose 称之为被动双膜共振技术（opposing passive radiator），在功放设计上，采用 AK4525/TAS5508B/TAS5142 构成数字功放。AK4525 是一颗 Codec，ADC 支持 32~48kHz 采样，动态范围 100dB，信噪比 100dB。DAC 支持 32~48kHz 采样，信噪比 90dB，动态范围 100dB。

1.3.3.9 辅助设备

激光定位点用来标识追踪系统的坐标点。当系统配置有追踪系统时，精确标识出坐标系的原点非常重要。通过激光点对追踪系统空间坐标系的原点或其他重要参考点进行标识，在再次对追踪系统进行校正时，可以避免重复测量，快速找到参考原点。

RBD 研制了专业用于投影系统调试的激光矩阵，如图 1-47 所示。在投影系统调试过程中，激光矩阵可以和全站仪配合使用，帮助固定全站仪在屏幕上找到的精确坐标点。通过激光矩阵，可以通过激光点永久保留屏幕上参考坐标点的位置，从而在投影图像发生偏移后，当再次需要对投影系统进行调试时，仅需打开激光矩阵，就能指引出原来测量过的参考坐标点位置，从而避免了再次使用全站仪进行测量，简化校正过程。图 1-48 为投影图像。

扫一扫
查看彩图

图 1-47　激光矩阵

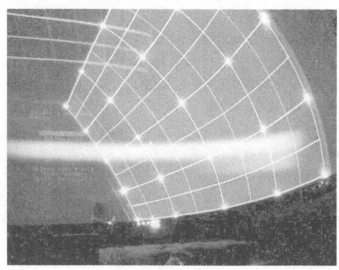

扫一扫
查看彩图

图 1-48　投影图像

1.4　虚拟现实技术的主要应用领域

　　虚拟现实技术早在 20 世纪 70 年代便开始用于培训宇航员，2008 年北京奥运会的数字图像和上海世博会的"在线世博"都有虚拟现实的高度参与。由此可见，虚拟现实技术已经不是活在实验室中的专业名词，它早已走下神坛出现在医学、娱乐、军事、航天、室内设计、房产开发、工业仿真、应急推演、文物古迹、游戏、道路桥梁、教育、轨道交通等各个领域。

　　下面将详细介绍虚拟现实技术在以下六个领域中起到的作用。

1.4.1　航空航天领域

　　航空航天作为一种耗资巨大、变量参数多、系统复杂的工程，保证其设备的安全、可靠是必须要考虑的因素。虚拟现实技术的出现，为航空航天领域提供了广阔的应用前景。

　　(1) 飞机设计。在飞机设计过程中，应用 VR 技术提前开展性能仿真演示、人机工效分析、总体布置、装配与维修性评估，能够及早发现、弥补设计缺陷，实现"设计—分析—改进"的闭环迭代，达到缩短开发周期，提高设计质量，最终达到降低成本的目的。

　　(2) 飞行驾驶虚拟实训。根据实际场景，建立逼真的虚拟场景三维模型，实现对虚拟场景的实时驱动，进行飞机飞行员的驾驶实训，增强飞行员的操作技能，加大飞行安全砝码，为航空业飞行安全提供有力保障。图 1-49 为真实飞机驾驶室的操作台。

　　(3) 空乘服务虚拟实训。模拟客舱场景及设备，让空乘人员熟悉客舱服务流程与要求，掌握客舱设备的构造、操作方法与服务等基本技能，了解飞机客舱服务操作规程，缩短训练周期，提高训练效益。

扫一扫
查看彩图

图 1-49　飞机驾驶室的操作台

（4）飞机维修虚拟实训。虚拟现实技术可以模拟飞机零部件的维修步骤和方法，解决了飞机维修训练方法较少的问题，有效提高了训练效率和训练质量，避免各种飞机实装训练的不安全因素，降低训练费用。

（5）航天器飞行模拟。虚拟现实技术能对卫星、火箭等航天器的工作原理、工作状态进行 3D 模拟展示，将复杂的运行原理用三维可视化的形式逼真形象地展现出来。

（6）航天仿真研究。虚拟现实技术也可应用于航天仿真研究中，对航天员的失重训练、航天器的在轨对接等航天活动进行逼真的模拟与分析，推动我国航天事业的发展。

1）航天员训练器利用虚拟训练系统对航天员进行失重心理训练；

2）利用 VR 系统可以更好地研究人与航天器之间接口关系与功能分配，使舱内结构和布局更适合人的特征；

3）虚拟现实技术可运用于航天器的人工控制交会对接；

4）在航天服和环境生态保护系统的设计与研制中，可利用 VR 技术进行原理设计、逻辑验证及模型的仿真。

1.4.2　城市规划领域

城市规划一直是对全新的可视化技术需求最为迫切的领域之一，虚拟现实技术可以广泛应用在城市规划的各个方面，并带来切实且可观的利益。虚拟现实技术在道路桥梁应用现状、高速公路与桥梁建设中也得到了应用。由于道路桥梁需要同时处理大量的三维模型与纹理数据，导致需要很高的计算机性能作为后台支持，但随着近些年来计算机软硬件技术的提高，一些原有的技术瓶颈得到了解决，使虚拟现实的应用达到了前所未有的发展。

在我国，许多学院和机构也一直在从事这方面的研究与应用。三维虚拟现实平台软件可广泛应用于桥梁道路设计等行业。该软件适用性强、操作简单、功能强大、高度可视化、所见即所得，它的出现将给正在发展的 VR 产业注入新的活力。虚拟现实技术在高速公路和道路桥梁建设方面有着非常广阔的应用前景，可由后台置入稳定的数据库信息，便于大众对各项技术指标进行实时查询，周边再辅以多种媒体信息，如工程背景介绍、标段概况、技术数据、电子地图、声音、图像和动画等，并与核心的虚拟技术产生交互，从而实现演示场景中的导航、定位与背景信息介绍等诸多实用、便捷的功能。

1.4.3 娱乐与艺术领域

传统的网络游戏技术，目的仅是为了满足玩家的精神追求，更加注重游戏世界的设定，而忽视了玩家体验，将玩家拒之于显示器之外，玩家只能通过操作角色来体验游戏中的各种设定，游戏体验仅仅停留于键盘跟鼠标的操作，并不能真正达到一种真切的感官体验。随着网络游戏时代以及技术的发展，虚拟现实类游戏占据着更多的市场，人们更加倾向于进行带有实际体验的虚拟现实 3D 游戏，这大大提高了玩家体验，使其能够得到感官上的满足。

虚拟现实技术在游戏模拟方面展现出的优势：玩家通过一系列的可穿戴设备，与游戏中的角色合二为一，可以模拟任何世界上客观存在的物质，也可以模拟人脑中抽象出来的精神世界，更加真实地体验到游戏中的角色就是自己，自己就是游戏中的角色。虚拟现实技术在 3D 游戏中的应用完全将人类智慧的结晶、科技的成果展现出来，它将虚拟现实技术的逼真性、互动性、沉浸性和构想性表现得淋漓尽致。

计算机可以阻止一个虚假的图像在墙壁前停止，但它却很难阻止真人的行动，操作者在虚拟空间中的运动是不受限制的，可以自由出入于这个空间，这也是传统模拟游戏与虚拟现实游戏之间存在的最大的差别，也是虚拟现实技术赋予游戏的独特魅力。

1.4.4 医学应用领域

VR 在医学方面的应用具有十分重要的现实意义。在虚拟环境中，可以建立虚拟的人体模型，借助于跟踪球、HMD、感观手套，学生可以很容易了解人体内部各器官的结构，这比现有的教科书式教学要有效得多。Pieper 及 Satara 等研究者在 20 世纪 90 年代初基于两个 SGI 工作站建立了一个虚拟外科手术训练器，用于腿部及腹部外科手术模拟。这个虚拟的环境包括虚拟的手术台与手术灯，虚拟的外科工具（如手术刀、注射器、手术钳等），虚拟的人体模型与器官等。借助于 HMD 及感观手套，使用者可以对虚拟的人体模型进行手术。但该系统有待进一步改进，如需提高环境的真实感，增加网络功能，使其能同时培训多个使用者或可在外地专家的指导下工作等。手术后果预测及改善残疾人生活状况，乃至新型药物的研制等方面，VR 技术都有十分重要的意义。图 1-50 为医生通过虚拟现实进行人体模型细节观察。

医学院校中学生可在虚拟实验室，进行"尸体"解剖和各种手术练习。运用这项技术后，由于不受标本、场地等限制，所以培训费用大大降低。一些用于医学培训、实习和研究的虚拟现实系统，仿真程度非常高，其优越性和效果是不可估量和不可比拟的。例

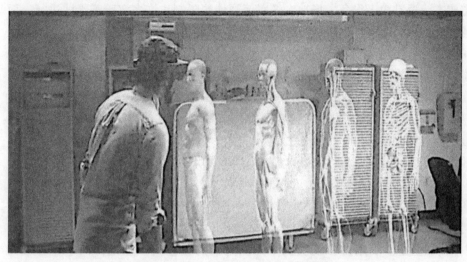

图 1-50　VR 应用于人体模型细节观察

如，导管插入动脉的模拟器，可以使学生反复实践导管插入动脉时的操作；眼睛手术模拟器，根据人眼的前眼结构创造出三维立体图像，并带有实时的触觉反馈，学生利用它可以观察模拟移去晶状体的全过程，并观察到眼睛前部结构的血管、虹膜和巩膜组织及角膜的透明度等。此外，还有麻醉虚拟现实系统、口腔手术模拟器等。

外科医生在真正动手术之前，通过虚拟现实技术的帮助，能在显示器上重复模拟手术，移动人体内的器官，寻找最佳手术方案并提高熟练度。在远距离遥控外科手术，复杂手术的计划安排，手术过程的信息指导，手术后果预测，以及改善残疾人生活状况，乃至新药研制等方面，虚拟现实技术都能发挥十分重要的作用。

1.4.5　教育与培训领域

虚拟现实应用于教育是教育技术发展的一个飞跃。它营造了"自主学习"的环境，由传统"以教促学"的学习方式改为学习者通过自身与信息环境的相互作用来得到知识、技能的新型学习方式。

其具体应用在以下几个方面：

（1）科技研究。当前许多高校都在积极研究虚拟现实技术及其应用，并相继建起了虚拟现实与系统仿真的研究室，将科研成果迅速转化为实用技术，如北京航空航天大学在分布式飞行模拟方面的应用；浙江大学在建筑方面进行虚拟规划、虚拟设计的应用；哈尔滨工业大学在人机交互方面的应用；清华大学对临场感的研究等都颇具特色。有的研究室甚至已经具备独立承接大型虚拟现实项目的实力。虚拟学习环境和虚拟现实技术能够为学生提供生动、逼真的学习环境，如建造人体模型、电脑太空旅行、化合物分子结构显示等，在广泛的科目领域提供无限的虚拟体验，从而加速和巩固学生学习知识的过程。亲身去经历和感受比空洞抽象的说教更具说服力，主动地去交互与被动的灌输有本质的差别。虚拟实验利用虚拟现实技术，可以建立各种虚拟实验室，如地理、物理、化学、生物实验室等，拥有传统实验室难以比拟的优势：

1）节省成本。通常由于设备、场地、经费等硬件的限制，许多实验都无法进行，而利用虚拟现实系统，学生足不出户便可以做各种实验，获得与真实实验一样的体会。在保证教学效果的前提下，极大地节省了成本。

2）规避风险。真实实验或操作往往会带来各种危险，利用虚拟现实技术进行虚拟实验，学生在虚拟实验环境中，可以放心地去做各种危险的实验。例如：虚拟的飞机驾驶教学系统，可免除学员操作失误而造成飞机坠毁的严重事故。

3）打破空间、时间的限制。利用虚拟现实技术，可以彻底打破时间与空间的限制。大到宇宙天体，小至原子粒子，学生都可以进入这些物体的内部进行观察。一些需要几十年甚至上百年才能观察的变化过程，通过虚拟现实技术，可以在很短的时间内呈现出来。例如：生物中的孟德尔遗传定律，用果蝇做实验往往要几个月的时间，而虚拟技术在一堂课内就可以实现。

（2）虚拟实训基地。利用虚拟现实技术建立起来的虚拟实训基地，其"设备"与"部件"多是虚拟的，可以根据需要随时生成新的设备。教学内容可以不断更新，使实践训练及时跟上技术的发展。同时，虚拟现实的沉浸性和交互性使学生能够在虚拟的学习环境中扮演一个角色，全身心地投入学习环境中去，这非常有利于学生的技能训练。包括军事作战技能、外科手术技能、教学技能、体育技能、汽车驾驶技能、果树栽培技能、电器维修技能等各种职业技能的训练，由于虚拟的训练系统无任何危险，学生可以不厌其烦地反复练习，直至掌握操作技能为止。例如：在虚拟的飞机驾驶训练系统中，学员可以反复操作控制设备，学习在各种天气情况下驾驶飞机起飞、降落，通过反复训练，达到熟练掌握驾驶技术的目的。

（3）虚拟仿真校园。教育部在一系列相关的文件中，多次涉及虚拟校园，阐明了虚拟校园的地位和作用。虚拟校园也是虚拟现实技术在教育培训中最早的具体应用，它由浅至深有三个应用层面，分别适应学校不同程度的需求：简单的虚拟校园环境供游客浏览教学、教务、校园生活，功能相对完整的三维可视化虚拟校园以学员为中心，加入一系列人性化的功能，以虚拟现实技术作为远程教育基础平台可为高校扩大招生后设置的分校和远程教育教学点提供可移动的电子教学场所，通过交互式远程教学的课程目录和网站，由局域网工具作为校园网站的链接，可对各个终端提供开放性的、远距离的持续教育，还可为社会提供新技术和高等职业培训的机会，创造更大的经济效益与社会效益。随着虚拟现实技术的不断发展和完善，以及硬件设备价格的不断降低，我们相信，虚拟现实技术以其自身强大的教学优势和潜力，将会逐渐受到教育工作者的重视和青睐，最终在教育培训领域广泛应用并发挥其重要作用。

1.4.6　智能制造领域

VR/AR技术已经存在了半个多世纪，但直到最近才成为制造业的一种实用工具，VR/AR在智能工厂规划、自动化、装配、维护和培训方面发挥了广泛作用。图1-51为VR/AR在智能制造方面的应用。

图 1-51 VR/AR 在智能制造方面的应用

在制造业中实现虚拟现实和增强现实的两个主要约束是成本和集成。然而，日益增长的计算能力和硬件成本的下降意味着第一个约束正迅速成为一个"减速带"；第二个约束并不仅仅针对虚拟现实，而是整个工业 4.0 技术所面临的一个问题，比如工业物联网（IIoT）。高盛全球投资研究项目最近的一份报告指出，到 2025 年，虚拟现实和增强现实在工程领域的收入将达到 47 亿美元。毫无疑问，VR 正准备从根本上改变制造业。

1.4.6.1 工厂规划

设计新生产设施的布局是一个庞大的任务，需要工程师们同时平衡多个变量。这包括每件设备的运行轨迹，设备维护、使用和存储的状态。计划阶段，在任何关键因素上犯错都会导致生产效率低下，这是事后难以补救的。图 1-52～图 1-54 为 VR/AR 应用于工厂规划实例。

工厂规划是一个庞大的项目，涉及多个设计团队，包括工厂建设、控制系统和子系统。使用虚拟现实技术可以帮助避免许多问题，通过对整个工厂进行建模，不仅可以模拟布局，还可以模拟在其内部进行的生产过程。

其价值在于：通过创建一个公共的虚拟空间，简化设计组之间的协作；允许设计人员评估设备的各个方面之间的交互；更容易识别潜在的访问和人机工程学问题；支持对日常车间活动进行模拟，以确定潜在的瓶颈；为那些不是 CAD 专家的人提供直观的 CAD 模型评估。

案例 1：友嘉实业集团正在使用虚拟现实技术为其机床客户模拟可能的平面图和生产线；制造业研究人员测试了一个自动虚拟环境（洞穴），以实现远程协作安装一个新的制造单元；

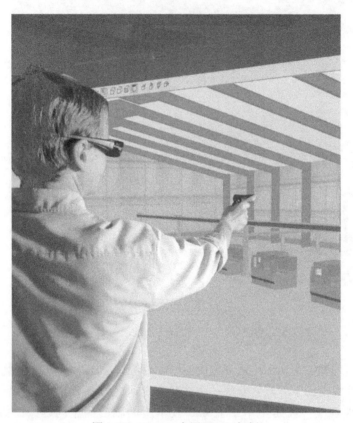

扫一扫
查看彩图

图 1-52   VR/AR 应用于工厂规划

扫一扫
查看彩图

图 1-53   VR/AR 应用于工业数字孪生

扫一扫
查看彩图

图 1-54　VR/AR 应用于生产线规划

　　案例 2：苏黎世理工大学和查尔莫斯科技大学的研究人员开创了在虚拟工厂里进行实时测量（MTM）的虚拟现实系统。

1.4.6.2　自动化

　　虚拟现实提供了对工业机器人进行编程、监控和协作的新方法。与工厂计划一样，虚拟现实技术可以让用户在应用机器人单元前使之可视化，帮助用户在安装之前规划机器人的移动路径。图 1-55 为 VR/AR 应用于自动化实例。

扫一扫
查看彩图

图 1-55　VR/AR 应用于自动化实例

　　用户可以通过虚拟演示将动作轨迹输入到虚拟现实中，从而直接在虚拟现实中编程（见图1-56）。他们还可以将自己的视角转变为机器人的视角，并从环境传感器中导入数据，以帮助编程任务。

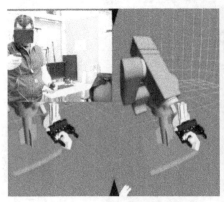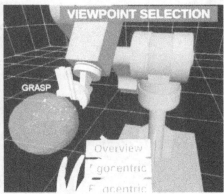

扫一扫
查看彩图

图1-56　VR/AR应用于编程实例

　　其价值在于：使用虚拟工厂实现机器人单元规划；允许程序员通过运行虚拟机脱机来检查错误；通过在虚拟环境中进行编程来降低风险；为程序员提供从机器人的角度看问题的能力；允许多个操作人员对单个机器人进行协作控制。

　　案例1：约翰霍普金斯大学计算感知和机器人实验室已经开发出一套通过虚拟现实界面用于编程和与工业机器人互动的系统；

　　案例2：普渡大学研究人员一直在利用虚拟现实来研究工业机器人的安全闲置时间与工作时间的感知问题；

　　案例3：沙特国王大学的研究人员建立了一个基于半沉浸式虚拟机器人单元布局的焊接机器人单元。

1.4.6.3　装配

　　在许多方面，虚拟现实代表了计算机辅助设计（CAD）技术的自然演变。虚拟现实技术的优势在于：它提供了一种全新的视角来观察产品以及产品被制造的过程。虚拟装配可以帮助工程师在不需要实际原型的情况下进行产品可视化，从而对产品的设计做出决策。图1-57为虚拟装配。

　　虚拟现实技术还可以用于研究人工装配任务的效率瓶颈和潜在的人机工程学问题。虚拟现实也可以是一个强大的训练工具，特别是对于装配应用来说。图1-58为VR应用于装配实例。

　　其价值在于：允许设计师将开始到结束的整个装配过程进行可视化；使工程师能够在虚拟环境中测试设计决策；允许自动任务分析和过程映射；确定装配过程之前进行人机工程学的评估；提供一种通过CAD系统链接对过程信息进行可视化的新方法。

　　案例1：通过使用虚拟现实技术来验证汽车装配过程，福特将生产线的意外伤害率减少了70%；

　　案例2：诺丁汉大学的李强提出了一种虚拟现实系统，用于增强夹具设计和装配的过程；

案例3：沙特国王大学的研究人员创建了一个球阀总成和汽车门总成的虚拟现实模拟，以补充标准的 CAD/CAM 环境。

图 1-57 虚拟装配

图 1-58 VR 应用于装配实例

1.4.6.4 培训

虚拟现实提供了一种向员工传授制造技能的新方法。有些技能通过亲身实践远比通过讲课或打印的学习材料获得的效果更好。试想一下，通过阅读手册学习如何组装喷气发动机。

　　实际上，实践学习并不总是可行的，特别是如果你需要培训很多员工，而他们可能分布在不同的领域。虚拟现实通过提供虚拟空间的培训，消除了这些问题。图 1-59 ~ 图 1-61 为 VR 应用培训实例。

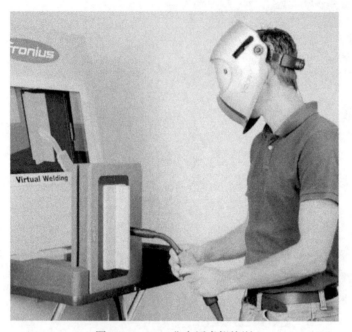

扫一扫
查看彩图

图 1-59　VR 工业应用虚拟培训

扫一扫
查看彩图

图 1-60　VR 工业设备操作培训

其价值在于：让学员熟悉整个工厂的布局和操作；给每个培训生提供他们自己的培训设施；提供安全和应急响应培训；培训师可以看到学员们看到的内容，并对他们的个人需求进行定制；员工的表现可以被记录和评估以改进未来的培训计划。

扫一扫
查看彩图

图 1-61　VR 工业设备巡检培训

案例 1：普惠公司利用虚拟现实技术在新型喷气式飞机引擎上培训工程师，而不会对昂贵的发动机部件造成损害；

案例 2：道达尔石油（TOTAL）使用 VR 来训练工人在其 Pazflor 石油平台上进行培训，而该平台仍在建设中；

案例 3：前沿国际公司已经开发出一套虚拟现实系统来培训焊接学生和学徒并记录他们模拟焊接的焊接质量和工艺价值。

1.4.6.5　运维

虽然增强现实在维护任务上的效果可能比虚拟现实技术更好，但虚拟现实对维护应用程序提供了一些独特的好处。图 1-62 为 VR 模拟维护任务，考虑一个新机器的维护计划，甚至是整个生产线。就像培训的情况一样，虚拟现实设备给维修人员提供了在安装之前熟悉新设备的机会，如图 1-63 所示。

此外，为了确保能够及时地进行维护，尽可能减少对其他操作的干扰，制造商可以在虚拟工厂中运行模拟维护任务，以评估不同策略对整个生产的影响。

虚拟运维的作用有：

（1）允许人员了解维护任务对整个设备的影响；

（2）在安装新设备之前，可以对不同的维护策略进行试验；

（3）在维护过程中更容易识别潜在的访问和人机工程学问题；

（4）提供独特视角；

（5）为存在潜在危险的维护任务提供无风险的尝试和试错。

扫一扫
查看彩图

图 1-62　VR 模拟维护任务

扫一扫
查看彩图

图 1-63　VR 模拟所需维护新设备

　　近年来，虚拟现实技术已经取得了显著的技术进步，特别是在产业界的普及型需求和积极推动下，展示出强劲的发展前景。例如在 2013 年的增强世博会（Augmented World Expo）上，绝大多数参展商都集中在 SLAM 系统跟踪技术和眼部穿戴式增强设备上，他们期望出现像 3D 眼镜 Atheer One 这样高度集成的便携式设备，能够促进增强现实技术的应用。

　　对于目前 VR 虚拟现实与 AR 增强现实而言，AR 增强现实的优势在于无需依赖强大的计算设备，仅仅通过智能手机就可以实现各种各样的功能；而虚拟现实则需要佩戴设备并且还需拥有更加强大的性能，目前还是难以达到令人满意的要求。不仅如此，目前所依靠的技术（如电脑图像、人工智能、网络并行处理、电脑仿真与感应等）也都需要进一步发展。

习 题

1. 深度暗示分为单眼深度暗示和双眼深度暗示，详细描述有哪些？
2. 虚实融合的概念是什么，增强现实的虚实融合难点有哪些？
3. VR 系统的组成有哪些？
4. AR 系统的组成有哪些？
5. VR 技术的应用领域有哪些？

2 VR/AR 支撑工具集

近年来计算机技术，尤其是图形图像显示技术、快速存储、跟踪设备的快速发展，虚拟现实的头戴式设备得以迅速普及，VR 系统已经进入家庭。AR 系统也随着移动终端的普及，成熟的娱乐应用也比比皆是，头盔式、眼镜式的 AR 系统成本低廉，已经在诸多工业场景展开应用。本章节介绍目前主流的、可以获得的系统和开发工具情况。

2.1 OpenGL

OpenGL 是一套应用程序编程接口（Application Programming Interface，API）。借助该 API，程序员可编写出对图形硬件具有访问能力的程序。对程序员来说，OpenGL 有两个重要优点。首先，OpenGL 非常接近底层硬件，使得用 OpenGL 编写的程序具有较高的运行效率；其次，OpenGL 易于掌握和使用。

2.1.1 OpenGL API

在现代计算机的诸多应用中，计算机图形学是一个很重要的方面。无论是在我们访问网页、玩互动游戏还是使用 CAD 软件包设计房屋，无一不在与计算机图形学打交道。随着硬件和软件的速度以及复杂性的日益增长，我们所使用的图形程序也"水涨船高"。这些应用程序的开发者创建应用程序时需要借助标准的软件接口。这样的接口使程序员可以不必为实现那些应用程序所共有的标准功能一次次重复编写代码，而且使程序员在编写应用程序时不必关心图形硬件的细节。这样，开发效率越来越高，与此同时，程序的可移植性也得到了提升。程序员可以借助一套具有精心定义的接口的函数来与图形系统进行交互，我们将这套函数称为应用程序编程接口。

近年来涌现出许多图形 API。其中的一部分例如 GKS 和 PHIGS，已经上升到国际标准的水平，其他一部分 API 在特定的领域也得到了广泛应用。其中的大多数都惨遭夭折。另外一部分 API，如微软公司的 DirectX，只局限于特定的平台。OpenGL 来自一个称为 GL（Graphics Library）的接口，该接口最初是为 SGI 公司的硬件开发的。

GL 的简单易用和功能强大得到了广泛的认可。它构成了 OpenGL 的基白，如今 OpenGL 已为多种图形硬件所支持。OpenGL 包含 200 多个可用于构建应用程序的函数。使用 OpenGL 编写的程序可被移植到任何支持该接口的计算机。在几乎所有的计算机和操作系统中都有 OpenGL 的相应实现。这些实现方式跨越了从纯软件实现到充分发挥目前最先进的硬件的加速功能的实现。一个典型的 OpenGL 应用程序可运行在具有任意实现方式的平台中，所要做的只是将针对该系统的 OpenGL 库重新进行编译。此外，OpenGL 还具有高度稳定性，这就保证了用 OpenGL 编写的程序具有很长的生命期。即便 API 随着硬件的发展而不断演化，情况仍然如此。

OpenGL API 主要关注绘制（rendering，也称呈现），即依据物体的规格参数以及属性，借助虚拟摄像机和光照生成一幅该物体的图像。由于 OpenGL 程序的平台无关性，所以 OpenGLAPI 不包含任何输入或窗口函数。原因很简单，因为这两者都严重依赖于特定的平台。然而，无论图形程序运行在何种平台上（Windows，Linux，Macintosh），都不可避免地要和操作系统或本地窗口系统进行交互。面对这种情况，我们并不打算屈从于编写平台相关的代码，而是采取一种折中的策略——借助一个简单的工具集，即 OpenGL 实用工具集（OpenGLUtility Toolkit，GLUT）。该工具集在标准编程环境中都有相应的实现，其 API 包含大多数窗口系统所共有的标准操作，并允许在应用程序中使用键盘和鼠标。

2.1.2 OpenGL 的组成

OpenGL 作为一个三维图形软件包，提供了以下基本功能。

（1）建模功能。真实世界里的任何物体都可以通过计算机用简单的点、线、多边形来描述。OpenGL 提供了丰富的基本图元绘制命令，可以方便地绘制物体。

（2）变换功能。无论多复杂的图形都是由基本图元组成并可以经过一系列变换来实现。OpenGL 提供了一系列基本的变换，如视点变换、模型变换、投影变换和视口变换。

（3）着色。OpenGL 提供了两种物体着色模式：RGBA 模式和颜色索引模式。

（4）光照和材质。绘制有真实感的三维物体必须做光照处理。OpenGL 光源属性有辐射光、环境光、漫反射光和镜面光等。材质是用光发射率来表示。

（5）反走样。在 OpenGL 绘制图形过程中，由于使用的是位图，所以绘制的图像的边缘会出现锯齿形状，称为走样。为消除这种现象，OpenGL 提供了点、线、多边形的反走样技术。

（6）融合。为了使三维图形更加具有真实感，经常需要处理半透明或透明的物体图像，这需要用到融合技术。

（7）雾。OpenGL 提供了 "fog" 的基本操作来达到对场景进行雾化的效果。

（8）位图和图像。OpenGL 提供了一系列函数实现位图和图像的操作。

（9）纹理映射。在计算机图形学中，把保护颜色、alpha 值、亮度等数据的矩形数组成为纹理。纹理映射是将纹理粘贴在所绘制的三维模型表面，以使三维图形显得生动。

（10）动画。OpenGL 提供了双缓存技术来实现动画绘制。

上面的这些功能将在后面的章节中介绍。学完 OpenGL 基本功能后，可以发现 OpenGL 并没有提供制复杂三维模型的高级命令，如飞机、坦克等。因此只能通过基本几何图元组合建立复杂的模型。目前，专业建模软件如 3DMax 可以建立较复杂的模型，把这些模型导入到 OpenGL 应用程序中，可以较方便地实现虚拟现实系统。

2.1.2.1 OpenGL 语法规则

所有 OpenGL 的函数都使用前缀 "gl" 和词首字母大写的单词共同组成函数名，如 gl_ClearColor（）函数。OpenGL 定义的常量中，都以 GL 开头，且所有字母大写，单词间以下划线分隔，如 GL_COLOR_BUFFER_BIT。

在某些函数中有一些不相关的字符，如 glColor3f（）。其中 3 代表给出 3 个参数；f 表示参数为浮点型数值。OpenGL 函数可以接受 8 种不同的数据类型作为它们的参数，见表 2-1。

表 2-1　OpenGL 数据类型

缩写符	数据类型	相应的 C 语言类型	OpenGL 类型定义
b	8 位整数	signed char	GLbyte
S	16 位整数	Short	GLshort
i	32 位整数	Long	GLint，GLsizei
f	32 位浮点数	Float	GLfloat，GLclampf
d	64 位浮点数	Double	GLdouble，GLclampd
ub	8 位无符号整数	Unsigned char	GLubyte，GLboolean
us	16 位无符号整数	Unsigned short	GLushort
ui	32 位无符号整数	Unsigned long	GLuint，GLenum，GLbitfield

有一些 OpenGL 函数的最后带有一个字母 v，表示该命令带有的是一个指向数组值的指针参数。

2.1.2.2　OpenGL 状态机制

OpenGL 是一个状态机。OpenGL 设置的各种状态可以一直保持，直到这个状态的值改变。例如，设定了当前颜色为红色，则所有物体的绘制都以此颜色画出，直到用户改变当前颜色设置。颜色仅仅是一种 OpenGL 状态，OpenGL 还有其他许多状态。许多状态变量工作模式可以使用 glEnable（）和 glDisable（）启动和停止。

每一个状态变量或模式都有一个默认值，用户可以在任意位置对系统查询变量的当前值。用户可以使用表 2-2 所列函数查询。

OpenGL 提供的状态变量相当多，程序员一个一个设置非常烦琐。可以通过 glPushAttrib（）和 glPopAttrib（）命令快速存储和恢复用户设置的状态变量值。

表 2-2　OpenGL 状态查询命令

查询命令	说　明
Void glGetBooleanv（）	获得 boolean 类型状态变量
Void glGetDoublev（）	获得 Double 类型状态变量
Void glGetFloatv（）	获得 Float 类型状态变量
Void glGetIntegerv（）	获得 Integer 类型状态变量

2.1.2.3　OpenGL 相关函数库

OpenGL 函数库大致分为以下几种。

（1）OpenGL 核心库。函数名前缀为"gl"，共有 115 个不同的函数。这些函数提供了最基本的绘图命令，用来描述几何体形状，进行光照、纹理、雾和反走样处理。

（2）OpenGL 实用函数库。函数名前缀为"glu"，共有 43 个不同的函数。用来管理坐标变换、多边形镶嵌、绘制 NUBRS 曲线、曲面和处理错误。

（3）OpenGL 辅助库。函数名前缀为"aux"，包括 31 个与平台无关的函数，提供了窗口管理和消息响应函数，以及一些简单模型的制作。

（4）OpenGL 工具库。函数名前缀为"glut"，包括 30 个左右的函数。主要提供基于窗口的工具，如多窗口绘制，空消息和定时器，以及绘制较复杂物体的函数。

（5）Windows 专用库。函数名前缀为"wgl"，包括 16 个函数。主要用于联接 OpenGL 和 Windows 的应用，这些函数用来管理显示列表，字体位图，绘图描述表。

（6）X-Windows 系统扩展的函数库。函数名前缀为"glx"，主要针对 X-Windows。

开发 OpenGL 应用程序，主要用到上述库的三部分。

（1）函数说明文件。包括：gl. h，glu. h，glut. h，glaux. h。这些文件一般放在 VC98/include/GL 目录下。

（2）静态链接库文件。包括：glu32. lib，glut32. lib，glaux. lib，opengl32. lib。这些文件一般放在 VC98/Lib 目录下。

（3）动态链接库文件。包括：glu. dll，glu32. dll，glut. dll，glut32. dll，opengl32. dll。这些文件放在 Windows/system 目录下。

2.1.2.4　GLUT 工具介绍

由于 OpenGL 是独立于任何窗口系统或操作系统而设计出来的，因此，OpenGL 不包括用来打开窗口以及键盘或鼠标读取事件。但完整的图形程序，必须打开一个窗口，否则无法进行任何操作。GLUT 库正是用来进行这些操作的补充。下面简单介绍 GLUT 库函数。

（1）窗口管理。为了初始化一个窗口，需调用 5 个函数完成必要的任务。

1）glutInit（int argc，char * argv）函数：用来初始化 GLUT 和处理任意的命令行变量。

2）glutInitDisplayMode（unsigned int mode）函数：指定显示模式，是 RGBA 模式或颜色索引模式；指定单缓存还是双缓存；指定是否有深度缓存。例如：如果希望有一个带有双缓存、RGBA 模式和深度缓存的窗口，可以使用函数 glutInitDisplayMode（GLUT _ DOUBLE | GLUT_RGB | GLUT_DEPTH）。

3）glutInitWindowPosition（int x，int y）函数：指定窗口左上角应该放置在屏幕上的位置，以像素为单位，同时认为屏幕左上角为起始点。

4）glutInitWindowSize（int Width，int size）函数：指定窗口以像素为单位的尺寸。

5）glutCreateWindow（char * string）函数：创建一个具有 OpenGL 场景的窗口。String 为窗口标识符。

（2）显示回调函数。glutDispalyFunc（void * func）函数：它是一个事件回调函数，所有需要绘制的场景的子函数都放在此显示回调函数中。

如果程序改变了窗口的内容，必须调用 glutPostRedisplay（void）函数，该函数给 glut-MainLoop（）函数一个提示，下次调用注册的显示回调函数。

（3）运行程序。glutMainLoop（）函数：显示所有已经创建的窗口，并对这些窗口渲染。一旦进入该循环，不会退出。

（4）处理输入事件。程序员可以利用下列函数来注册回调函数，这些回调函数在指定事件发生时加以激活。

1）glutReshapeFunc（void * func（int w，int h））函数，表示窗口尺寸改变时，应该执行的动作。

2）glutKeyboardFunc（void * func（unsigned char key，int x，int y））函数和 glut-MouseFunc（void * func（int button，int state，int x，int y））函数，响应键盘和鼠标事件。

GlutMotionFunc（void * func（int x，int y））注册了一个回调子函数，当按下鼠标移动时，调用该函数。

（5）管理后台进程。程序员可以调用 glutIdleFunc（void * func）函数，在没有其他事件需要处理时，执行这个函数。

（6）绘制三维物体。程序员可以绘制一些三维物体，如下：

1）Void glutWireCube（GLdouble size），绘制线框立方体。

2）Void glutSolidCube（GLdouble size），绘制实立方体。

3）Void glutWireSphere（GLdouble radius，Glint slices，Glint stacks），绘制线框球。

4）Void glutSolidSphere（GLdouble radius，Glint slices，Glint stacks），绘制实球。

2.2 商业开发工具

2.2.1 Unity3D

Unity3D 是一个用于创建诸如三维视频游戏、实时三维动画等类型互动内容的综合型创作工具，是一个全面整合的专业游戏引擎。对制造系统的虚拟仿真来说，Unity3D 功能简单而强大，有多个 VR/AR 开发包接口，是当前最流行的商用开发工具。

2.2.1.1 虚拟场景的对象资源

Unity3D 内置的基本的三维体素包括立方体（cube）、球（sphere）、胶囊（capsule）、圆柱（cylinder）、平面（plane）以及坐标等，如图 2-1 所示。

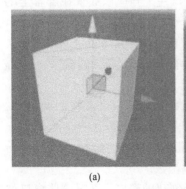
(a)

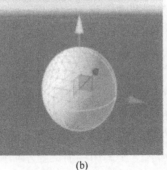
(b)

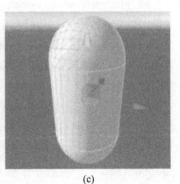
(c)

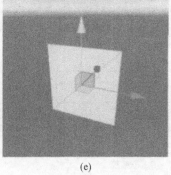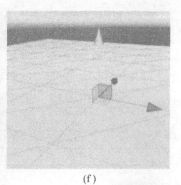

（d）　　　　　　　　　　（e）　　　　　　　　　　（f）

图 2-1　Unity3D 内置的基本三维体素

（a）立方体；（b）球；（c）胶囊；（d）圆柱；（e）平面；（f）坐标

扫一扫
查看彩图

2.2.1.2　场景资源

系统仿真需要导入多种建模后的模型和资源。图 2-2 所示为 Unity3D 中导入模型和资源的操作示例。

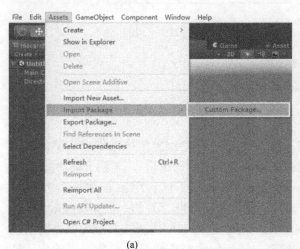

（a）　　　　　　　　　　　　　　　　（b）

图 2-2　Unity3D 中导入模型和资源的操作示例

（a）导入；（b）资源列表

扫一扫
查看彩图

2.2.1.3　项目设置

Unity3D 提供了强大的场景创造功能，通过简单设置，即可完成相关场景的建立。

2.2.1.4　VR/AR 的窗口设置

如果要获得 VR/AR 系统的支持，可以在 Unity3D 的 Scene 菜单中设置 VR/AR 选项。

2.2.1.5　制造要素动作定义与动画

通过定义制造要素的动作，可以在 Unity3D 中定义关节和关键帧动画，甚至不需要写代码。

2.2.1.6　Unity3D XR 基本类库结构与开发接口

Unity3D 提供了完整的 XR 类接口（见图 2-3），用于开发 VR/AR/MR 的模块——UnityEngine. VR 模块。

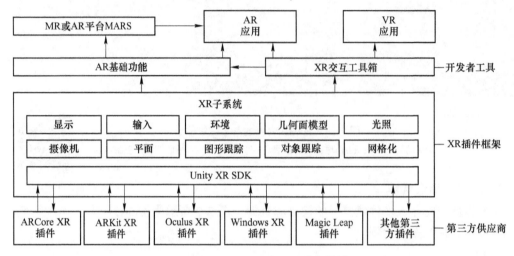

图 2-3　Unity3D 的 XR 类库结构

2.2.1.7　Unity3D 事件函数执行流程

开发 Unity 的 VR/AR 应用流程如图 2-4 所示，共分为 12 个步骤。

2.2.2　时序 WebVR 虚拟仿真平台

时序 WebVR 虚拟仿真平台是基于 WebGL 开发的一个三维虚拟仿真平台，平台基于 Web 浏览器，可以在浏览器上进行模型加载、场景布置、动画编辑、AR 融合等功能。

WebGL（Web Graphics Library）是一种 3D 绘图协议，这种绘图技术标准允许把 JavaScript 和 OpenGL ES 2.0 结合在一起，通过增加 OpenGL ES 2.0 的一个 JavaScript 绑定，WebGL 可以为 HTML5 Canvas 提供硬件 3D 加速渲染，这样 Web 开发人员就可以借助系统显卡在浏览器里更流畅地展示 3D 场景和模型，还能创建复杂的导航和数据视觉化。显然，WebGL 技术标准免去了开发网页专用渲染插件的麻烦，可被用于创建具有复杂 3D 结构的网站页面，甚至可以用来设计 3D 网页游戏等。

WebGL 和 3D 图形规范 OpenGL、通用计算规范 OpenCL 一样来自 Khronos Group，而且免费开放，并于 2010 年上半年完成并公开发布。Adobe Flash Player 11、微软 Silverlight 3.0 也都已经支持 GPU 加速，但它们都是私有的、不透明的。WebGL 标准工作组的成员包括 AMD、爱立信、谷歌、Mozilla、Nvidia 以及 Opera 等，这些成员会与 Khronos 公司通力合作，创建一种多平台环境可用的 WebGL 标准，WebGL 标准在 2011 年上半年首度公开发布，该标准完全免费对外提供。

WebGL 完美地解决了现有的 Web 交互式三维动画的两个问题：第一，它通过 HTML 脚本实现 Web 交互式三维动画的制作，无需任何浏览器插件支持；第二，它利用底层的图形硬件加速功能进行的图形渲染，是通过统一的、标准的、跨平台的 OpenGL 接口实现的。

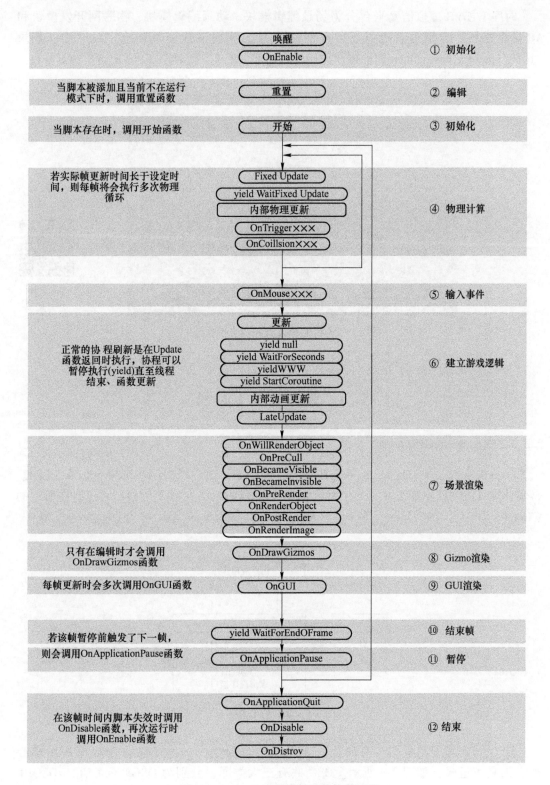

图 2-4　Unity3D 应用事件函数执行流程

时序 WebVR 虚拟仿真平台分为场景编辑模块、动画编辑模块、物联网开发模块和 AR 编辑模块。为使用者提供了方便便捷的浏览器端三维编辑环境。用户可以登录 http：//werbvr. smartion. cn 网址操作体验平台功能。图 2-5 为时序 WebVR 虚拟仿真平台。

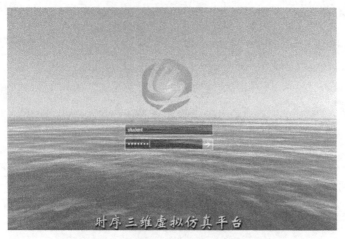

扫一扫
查看彩图

图 2-5　时序 WebVR 虚拟仿真平台

2.3　典型开发工具包

2.3.1　OpenSceneGraph

OpenSceneGraph（OSG）是一个开源的三维引擎，被广泛应用在可视化仿真、游戏、科学计算、三维重建等领域。OSG 由标准 C++语言和 OpenGL 编写而成，可运行在所有的 Windows、OSX、GNU/Linux、Solaris、Android 等操作系统中。图 2-6 为 OSG 核心框架。

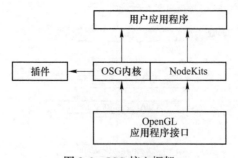

图 2-6　OSG 核心框架

OSG 完全基于场景图（有向图）来组织仿真场景，一个完整的 OSG 应用由核心类、工具类组成，如图 2-7 所示。OSG 共有三大类库，分别为 OSG、OSGUtil、OSGDB 类库。

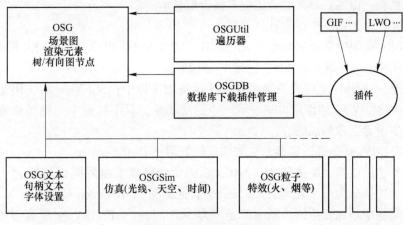

图 2-7   OSG 的 API 结构

2.3.2 PTC Vuforia

Vuforia 是一款用于移动设备的 AR 软件开发套件，可用于创建 AR 应用程序。Vuforia 开发套件提供了丰富的图像识别、跟踪和注册接口，开发人员可调用移动设备的相机，并使用计算视觉技术来实时识别和跟踪平面图像、简单三维对象等，将虚拟对象的定位和朝向与真实世界的锚点位置进行匹配和对齐，从而实现虚实融合。Vuforia 通过扩展 Unity3D 游戏引擎，提供了 C++、Java、Objective-C++ 和 .NET 语言的应用程序编程接口。通过这种方式，VuforiaSDK 既支持 iOS 和 Android 开发，又支持在 Unity3D 中开发可轻松移植到其他平台的 AR 应用程序。

Vuforia 主要由以下三大部分组成。

（1）Vuforia 引擎。Vuforia 引擎是一个静态链接库，作为客户端封装在最终的 App 中，用来实现最主要的识别功能，支持 iOS、Android 和 UWP，并且根据不同的平台开发出了不同的软件开发工具包，可以根据需要从 AndroidStudio、Xcode、VisualStu-dio 以及 Unity3D 中任选一种作为开发工具。

（2）系列工具。Vuforia 提供了一系列的工具，用来创建对象、管理对象数据库以及管理程序许可证。其中 TargetManager 是一个网页程序，开发者可以在里面创建和管理对象数据库，并且可以生成一系列识别图像，用在 AR 设备上以及云端；Li-censesManager 用来创建和管理程序许可证，每一个 AR 程序都有一个唯一的许可证。

（3）云识别服务。当 AR 程序需要识别数量庞大的图片对象，或者对象数据库需要经常更新时，可以选择 Vuforia 的云识别服务。Vuforia Web 服务可以让用户很轻松地管理数量庞大的对象数据库，并且可以建立自动工作流。

2.3.3 Apple ARKit

ARKit 是 2017 年苹果公司发布的 iOS11 系统的新增框架，它能够帮助我们以最简单、快捷的方式在 iOS 系统中实现 AR 功能。

ARKit 并不是一个能够独立运行的框架，其必须与 SceneKit 相配合：由 ARKit 实现现实世界图像捕捉；由 SceneKit 实现虚拟三维模型显示。

图 2-8 所示为 ARKit 核心框架。

（1）ARKit 框架中显示三维虚拟 AR 视图。ARSCNView 继承自 SceneKit 框架中的 SC-NView，而 SCNView 又继承自 UIKit 框架中的 UIView。

（2）UIView 的作用是将视图显示在 iOS 设备的窗口中；SCNView 的作用是显示一个三维场景；ARSCNView 的作用也是显示一个三维场景，只不过这个三维场景是由摄像机捕捉到的现实世界图像构成的。

（3）ARSCNView 是视图容器，它的作用是管理一个 ARSession。

在一个完整的虚拟 AR 体验中，ARKit 框架负责将真实世界画面转变为一个三维场景，转变过程主要分为两个环节：ARCamera 捕捉画面；ARSession 搭建三维场景。ARKit 在三维现实场景中添加虚拟物体利用的是父类 SCN-View，ARSCNView 所有与场景和虚拟物体相关的属性及方法都继承自自己的父类 SCNView，如图 2-8（b）所示。

对 ARKit 框架中的各个类进行介绍。

（1）ARAnchor：ARAnchor 表示一个物体在三维空间中的位置和方向。ARAnchor 通常称为物体的三维锚点。

（2）ARCamera：ARCamera 是一个摄像机，它是连接虚拟场景与现实场景的枢纽。

（3）ARError：ARError 是一个描述 ARKit 错误的类，错误原因包括设备不支持以及摄像机常驻后台时 ARSession 断开等。

（4）ARFrame：ARFrame 主要用于追踪摄像机当前的状态，相应状态信息不仅包括位置参数，还包括图像帧及时间等参数。

（5）ARHitTestResult：这个类主要用于 AR 技术中现实世界与三维场景中虚拟物体的交互。比如在移动、拖拽三维虚拟物体时，可以通过这个类来获取 ARKit 所捕捉的结果。

（6）ARLightEstimate：用于增强灯光效果，让 AR 场景显示更逼真。

（7）ARPlaneAnchor：ARPlaneAnchor 是 ARAnchor 的子类，可以称之为平地锚点。ARKit 能够自动识别平地，并且会默认添加一个锚点到场景中。

（8）ARPointCloud：用于产生点状渲染云，主要用于渲染场景。

（9）ARSCNView：AR 视图。ARKit 支持三维的 AR 场景和二维的 AR 场景，ARSCN-View 是三维的 AR 场景视图，该类是整个 ARKit 框架中两个有代理的类之一。该类非常重要，提供了丰富的 API。

（10）ARSession：ARSession 是一个连接底层与 AR 视图的桥梁，其实 AR-SCNView 内部所有的代理方法都是由 ARSession 提供的。

（11）ARSessionConfiguration：会话追踪配置类，主要用于追踪摄像机的配置。该类还有一个子类——ARWorldTrackingSessionConfiguration，与 AR-SessionConfiguration 在同一个 API 文件中。

2.3.4　Google ARCore

2017 年，谷歌公司推出 Android 设备 AR 软件，即 ARCore，其是用于构建 AR 体验的软件开发套件。ARCore 的优势在于它可以在没有任何额外硬件的情况下工作，也可以在 Android 生态系统中扩展，是目前应用最广泛的 AR 开发套件。

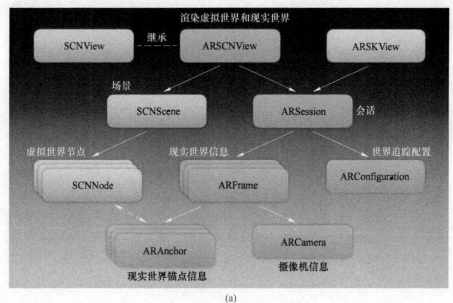

(a)

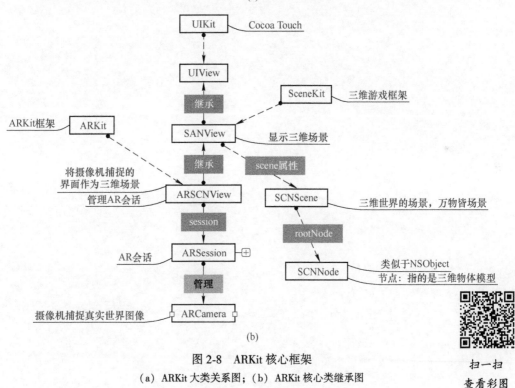

(b)

图 2-8　ARKit 核心框架

（a）ARKit 大类关系图；（b）ARKit 核心类继承图

扫一扫
查看彩图

　　ARCore 基于运动跟踪技术，使用手机摄像头来辨识关键点（又称为特征点），并跟踪这些点随时间运动的轨迹。结合这些点的移动轨迹和手机的惯性传感器，ARCore 就可以在手机移动时判定这些点的位置和走向。能识别点，自然就能识别面。在辨识关键点的基础上，ARCore 还可以侦测平面，比如桌子或地板，并估测它周围的平均光照强度。ARCore 结合这些功能可以获取关于周边现实世界的信息。ARCore 在获得周边现实世界的信息后，就可以把虚拟的物品、标注信息或其他需要展现的内容与现实世界进行无缝整合。

习　题

1. 简述 OpenGL 的组成。
2. VR/AR 的典型开发工具包有哪些？

3 图形学基础

3.1 坐标系统

3.1.1 坐标系

  VR/AR 系统中有世界坐标系和用户坐标系（UCS），通常情况下，世界坐标系和用户坐标系是重合在一起的。三维点具有三个坐标值 (x, y, z)，但如果没有坐标系的限定，这些值就没有意义。给定三维任意点或方向，其坐标值取决于其与坐标系的关系。图 3-1 显示了一个二维空间点 p 和三维对象的六个自由度的情况。p 点相对于坐标系 A 的坐标 $(8, 8)$，相对于坐标系 B 的坐标为 $(2, -4)$。

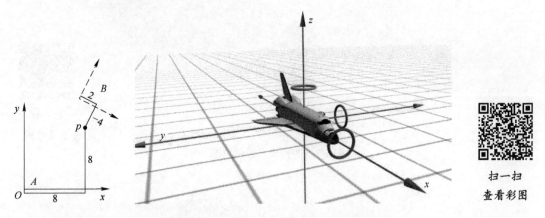

扫一扫
查看彩图

图 3-1 点 p 的坐标由点与特定 2D 坐标系之间的关系定义

  通常坐标轴的排列方式有两种，如图 3-2 所示。给定相互垂直的 x、y 坐标轴，可以确定与之垂直的 z 轴，这时候可以指向两个方向之一。这两个选择称为左手和右手（其中图 3-2（b），为了作图方便，将 x 轴放到右边，y 轴放到上边，z 轴朝外）。两者之间的选择是任意的，但是一旦选择一个坐标系，对于如何实现几何运算，具有许多不同含义。

  在虚拟场景中根据描述对象关系、操作的方便性常用以下几种坐标系，如图 3-3 所示。

  （1）对象坐标系（OCS）：描述物体或点所在位置时，我们往往会使用世界（world）坐标系来表示。然而对物体进行交互操作时，使用世界坐标系非常不方便。使用物体（local）坐标系，则只需要关注此刚体的坐标系在世界坐标中的变化即可，场景中每个对象相对独立，如图 3-4 所示。

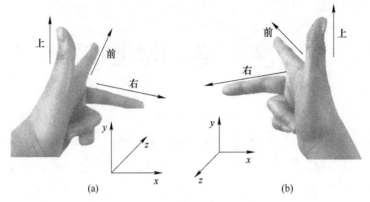

图 3-2　左手坐标系与右手坐标系
（a）左手坐标系；（b）右手坐标系

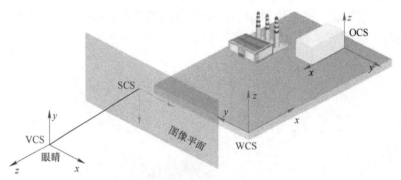

图 3-3　各种坐标系示意图

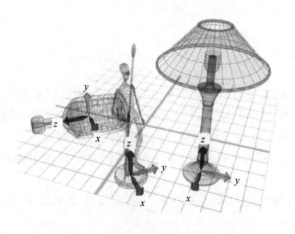

图 3-4　场景中对象自己的物体坐标系

（2）世界坐标系（WCS）：就是客观三维世界的绝对坐标系，也称为客观坐标系。在环境中还选择一个参考坐标系来描述摄像机和物体的位置，该坐标系称为世界坐标系。设该坐标系下存在一个物体 p 的坐标为 (x, y, z)。

（3）相机坐标系（VCS）：以相机光点为中心，x，y 轴平行于图像的两条边，光轴为 z 轴所建立的坐标系。用（x_c，y_c，z_c）表示物体 p 在相机坐标系下的位置。

（4）屏幕坐标系（SCS）：屏幕坐标就是以当前计算机屏幕为平面设定的坐标，以像素（pixel）单位的屏幕右上角为原点，z 轴的位置视摄像机的视角确定。使用鼠标在屏幕上单击，单击的位置就是屏幕坐标。

（5）视口坐标（viewport space）：通过摄像机才能看到虚拟世界的物体，摄像机有自己的视口坐标，物体要在摄像机的视口坐标下才能被看到。

3.1.2 坐标系变换

3.1.2.1 窗口、视区的概念

用户用来定义设计对象的实数域统称为用户域，也称为用户空间。从理论上说，用户域是连续的、无限的。用户可以在用户域中指定任意的区域 ω，把他感兴趣的这部分区域内的图形输出到屏幕上，通常称这部分区域为窗口区。窗口区一般是矩形区域，可以用其左下角点和右上角点坐标来表示。显然，窗口是用户图形的一部分，而且可以采取措施，嵌套定义窗口。也就是在第一层窗口中再定义第二层窗口，在第 i 层窗口中定义第 $i+1$ 层窗口等。嵌套的层次由图形处理软件规定。

图形设备上用来输出图形的最大区域称为屏幕域，它是有限的整数域，大小随具体设备而异。任何小于或等于屏幕域的区域都可定义为视区。视区由用户在屏幕域中用设备坐标定义，一般也定义成矩形，大多由其左下角点坐标和右上角点坐标来定义。当然，视区也可以嵌套，嵌套的层次由图形软件决定。

3.1.2.2 窗口到视区的变换

在用户坐标系中绘制的图形，经开窗裁剪后，图形作为需要显示的内容存储在计算机内存中，但是，该图形的数据并不能直接在显示器屏幕产生图形，因为用户画图可以根据需要和方便，在用户坐标系中，选取不同的度量单位，而显示屏上的图形是以屏幕坐标系，使用整数坐标的像素来度量的。对某种显示器来说，显示数据范围是固定的（例如在 0~1023 之间）。因此，将窗口的原始图形变换到视区时，必须进行由用户坐标系到屏幕坐标系的变换。图 3-5 为用户图形窗口与屏幕视区的对应关系。

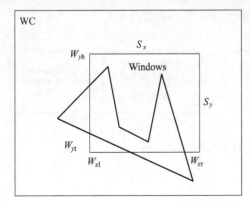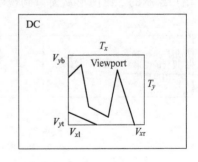

图 3-5　用户图形窗口与屏幕视区的对应关系

3.1.2.3 窗口—规格化设备坐标—视区变换

不同型号和规格的图形显示器，其分辨率是不一样的。因此，变换时尽可能使得图形设计程序与设备无关，将视区设置在规格化设备坐标系中。坐标原点在它的左下角，它的 x 与 y 坐标度量分别为 0~1，如图 3-6 所示。

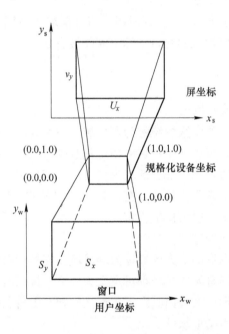

图 3-6　窗口—规格化设备坐标—视区变换

用户设计的图形，它的全部点坐标首先变换到规格化设备坐标系上，它能适应任何一种具体的图形输出设备。

然后，根据物理输出设备坐标或具体显示器屏幕尺寸和分辨率，再将规格化设备坐标变换到具体视区上，显示输出图形。

3.1.2.4 窗口到视区变换过程

用户绘制的二维图形从窗口到视区的变换过程，可归纳成图 3-7。

图 3-7　窗口–规格化设备坐标–视区变换

3.1.2.5 各类坐标系之间的关系

图 3-8 为坐标系转化。

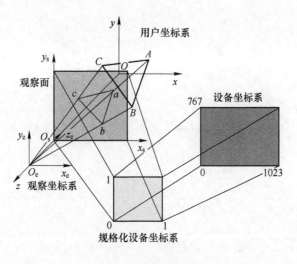

扫一扫
查看彩图

图 3-8　坐标系转化

3.2　向　　量

向量（Vector）是 3D 数学的基础，3D 游戏开发中经常需要用到向量和向量的运算，Vector2 表示二维向量，Vector3 表示三维向量。Vector3 在 3D 数学中应用较为广泛。

向量的基本运算包括加法、减法、点乘、叉乘等，而在游戏开发中使用最广泛的是减法、点乘、叉乘。向量是具有方向和长度的矢量，Vector2 和 Vector3 分别用 $<x, y>$ 和 $<x, y, z>$ 来表示。

3.2.1　向量的加法和减法

如果两个向量的维数相同，则它们能相加或相减，结果向量维数与原来的两向量维数相同。例如，$[x, y, z] + [1, 2, 3] = [x + 1, y + 2, z + 3]$，物理意义为一个物体从原位置移动到另一个位置。

向量的减法可以解释成加负向量。例如，$a - b = a + (-b)$，维数与加法一样必须相同。不同的是加法可以使用交换律，而减法不能。向量加法和减法的几何解释如图 3-9 所示。向量 a 和 b 相加时，使向量 a 的箭头连接向量 b 的尾部，接着从 a 的尾部向 b 的箭头画一个向量；向量 c 和 d 相减时，使 c 和 d 的尾部相连，从 d 的箭头向 c 的箭头画一个向量。向量的减法主要用于计算两个物体之间的距离。

在 3D 坐标中，向量加法表示物体移动的位置，减法表示物体移动的方向，流程如图 3-10 所示。

在 Unity 引擎中，向量的加法和减法组合用于物体从 $C1$ 位置移动到 $C2$ 位置。通常做法是，先用向量减法计算出移动的方向，即 Vector dir = $(C2 - C1)$，再用向量加法将物体从 $C1$ 移动到 $C2$，即 $C1.\,position += dir$。

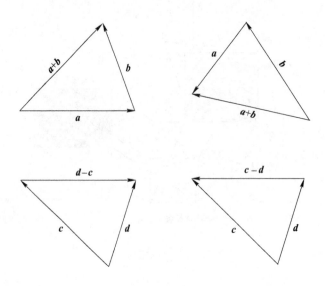

图 3-9　向量加法和减法的几何解释

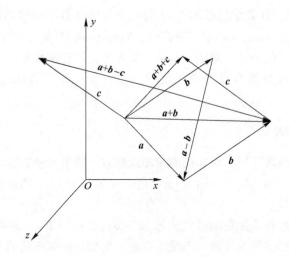

图 3-10　向量加法和减法的流程

3.2.2　向量的点乘

标量和向量可以进行点乘运算，向量和向量也可以进行点乘运算。向量点乘对应分量乘积的和，结果为标量，记为 $a \cdot b$。向量点乘的优先级高于加法和减法，可以通过 $[x, y, z] \cdot [1, 2, 3] = x + 2y + 3z$ 这个公式来计算，也可以通过几何定义 $a \cdot b = |a| \cdot |b| \cdot \cos <a, b>$ 来计算。

$$
\boldsymbol{a} = \begin{pmatrix} 1 \\ 2 \\ 3 \end{pmatrix}, \quad \boldsymbol{b} = \begin{pmatrix} 4 \\ 5 \\ 6 \end{pmatrix}, \quad \boldsymbol{c} = \begin{pmatrix} 7 \\ 8 \\ 9 \end{pmatrix}
$$

$$
\boldsymbol{a} \cdot \boldsymbol{b} = a_1 \cdot b_1 + a_2 \cdot b_2 + a_3 \cdot b_3 = 4 + 10 + 18 = 32
$$

$$
\boldsymbol{a} \cdot \boldsymbol{c} = a_1 \cdot c_1 + a_2 \cdot c_2 + a_3 \cdot c_3 = 7 + 16 + 27 = 50
$$

设 $\boldsymbol{b}$ 与 $\boldsymbol{c}$ 的夹角为 θ ，则

$$
\cos <\boldsymbol{b},\ \boldsymbol{c}> = \frac{\boldsymbol{b} \cdot \boldsymbol{c}}{|\boldsymbol{b}| \cdot |\boldsymbol{c}|} = \frac{4 \times 7 + 5 \times 8 + 6 \times 9}{\sqrt{4^2 + 5^2 + 6^2} \times \sqrt{7^2 + 8^2 + 9^2}} = \sqrt{\frac{61}{7469}}
$$

$$
\arccos <\boldsymbol{b},\ \boldsymbol{c}> = \theta \approx 85°
$$

在 Unity 引擎中，向量点乘通常用于计算角度。例如，玩家转向 NPC 或者怪物都与点乘有关。Vector3 Dot（Vector3 vec1，Vector3 vec2）表示计算 vec1 和 vec2 的点乘积。

3.2.3　向量的叉乘

向量的叉乘与点乘不同。向量叉乘得到的是一个向量，而不是一个标量。当点乘和叉乘在一起时，优先计算叉乘。但标量和向量不能进行叉乘运算，并且叉乘得到的向量与点乘的两个向量垂直。向量叉乘的计算公式为 $[x,\ y,\ z] \times [a,\ b,\ c] = [yc - zb,\ za - xc,\ xb - ya]$，为了方便计算，一般使用它的几何定义：$\boldsymbol{a} \times \boldsymbol{b} = |\boldsymbol{a}| \cdot |\boldsymbol{b}| \cdot \sin <\boldsymbol{a},\ \boldsymbol{b}>$。

在一个平面内的两个非平行向量叉乘的结果是这个平面的法向量，而法向量的方向可以用"右手定则"来判断。具体是：若满足右手定则，当右手的四指从向量 $\boldsymbol{a}$ 以不超过 180° 的转角转向向量 $\boldsymbol{b}$ 时，竖起的大拇指方向是 $\boldsymbol{n}$ 的指向。当法向量 $\boldsymbol{n}$ 与某一坐标轴同向时，手四指指的是逆时针方向，而且是不超过 180° 的方向，因此可以用叉乘来判断垂直于两向量的向量方向。

$$
\boldsymbol{a} = \begin{pmatrix} 1 \\ 2 \\ 3 \end{pmatrix}, \quad \boldsymbol{b} = \begin{pmatrix} 4 \\ 5 \\ 6 \end{pmatrix}
$$

$$
\boldsymbol{a} \times \boldsymbol{b} = \begin{pmatrix} a_2 b_3 - a_3 b_2 \\ -(a_1 b_3 - a_3 b_1) \\ a_1 b_2 - a_2 b_1 \end{pmatrix} = \begin{pmatrix} 12 - 15 \\ 12 - 6 \\ 5 - 8 \end{pmatrix} = \begin{pmatrix} -3 \\ 6 \\ -3 \end{pmatrix}
$$

叉乘是三维向量特有的运算，二维空间中并没有此运算。在三维空间中，向量的叉乘如图 3-11 所示。

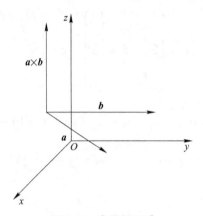

图 3-11　向量的叉乘

在 Unity 引擎中，叉乘用于判断一个角色是顺时针转动还是逆时针转动才能更快地转向敌人。Vector3. Cross（Vector3 vecl，Vector3 vec2）表示 vecl 和 vec2 的叉乘，即与两个向量均垂直的向量，即所在平面的法向量。

3.3　二维几何变换

二维图形的几何变换是最简单的几何变换，它也是三维图形几何变换的基础，其所涉及的知识为平面解析几何。

3.3.1　二维平移变换

平移变换是指将图形沿直线路径从一个坐标位置移到另一个坐标位置的重定位，如图 3-12 所示。

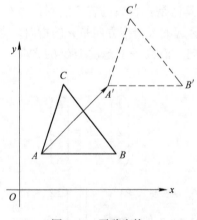

图 3-12　平移变换

对于多边形的平移，可以先将多边形的每个顶点实施平移，再在新位置重新绘制相应顶点的连线，从而实现多边形的平移。点的平移通过给点的原始坐标 (x, y) 加上水平位移 T_x 和垂直位移 T_y 来实现。

$$x' = x + T_x$$

$$y' = y + T_y$$

可以将其表示成向量形式为

$$(x', y') = (x, y) + (T_x, T_y) \tag{3-1}$$

对于圆和椭圆来说，可以通过平移中心坐标并在新位置重新生成来实现平移变换。而对于一般的曲线来说，可以用折线模拟曲线，然后再对折线进行平移。

3.3.2　二维旋转变换

二维旋转变换是将图形沿平面内的圆弧路径重新定位。为了实现旋转，需要指定旋转角度和旋转点，如图 3-13 所示。

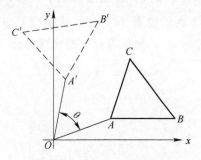

图 3-13　绕坐标原点旋转 θ 角

为了表示旋转的方向，通常定义逆时针旋转为正值，顺时针旋转为负值。下面讨论点 P 绕坐标系原点逆时针旋转 θ 的变换公式，如图 3-14 所示。

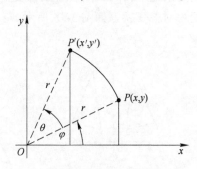

图 3-14　绕原点的旋转

根据三角函数知识，可得

$$x' = r\cos(\varphi + \theta) = r\cos\varphi\cos\theta - r\sin\varphi\sin\theta$$

$$y' = r\sin(\varphi + \theta) = r\sin\varphi\cos\theta + r\sin\theta\cos\varphi \tag{3-2}$$

而

$$rcos\varphi = x, \ rsin\varphi = y$$

代入式（3-2）得

$$x' = xcos\theta - ysin\theta$$

$$y' = xsin\theta + ycos\theta$$

将其表示为矩阵形式：

$$(x', \ y') = (x, \ y)\begin{pmatrix} \cos\theta & \sin\theta \\ -\sin\theta & \cos\theta \end{pmatrix} \tag{3-3}$$

3.3.3　二维比例变换

比例变换是通过改变对象水平方向和垂直方向的大小来改变对象的尺寸。以坐标系的原点为参照点（变换前后，该点的位置不变）的比例变换非常简单。将每个顶点坐标 $(x, \ y)$ 分别乘以比例系数 S_x 和 S_y，得到顶点新的位置坐标 $(x', \ y')$，即

$$x' = S_x x \quad y' = S_y y$$

矩阵表示为

$$(x', \ y') = (x, \ y)\begin{pmatrix} S_x & 0 \\ 0 & S_y \end{pmatrix} \tag{3-4}$$

当比例系数大于 1 时，图形对象被放大；而比例系数小于 1 时，图形对象缩小。如果水平方向的比例系数同垂直方向的比例系数相同，则图形对象等比例地被放大或缩小。如果水平方向和垂直方向上的比例系数不相同，图形对象将发生变形。特别地，当比例系数取 ±1 时，比例变换实际上变为对称变换，如图 3-15 所示。

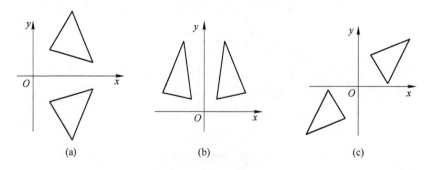

图 3-15　对称变换

(a) $S_x = 1$，$S_y = -1$；(b) $S_x = -1$，$S_y = 1$；(c) $S_x = -1$，$S_y = -1$

3.3.4　二维齐次变换

上述三种几何变换都可以表示成矩阵形式（3-1）、式（3-3）和式（3-4），为变换的

计算和表示带来了方便。但不幸的是它们的表示形式并不统一，有加法和乘法。我们期望有统一的表示形式。通过引入齐次坐标，可以统一表示方法。

所谓齐次坐标就是用 $n+1$ 维向量来表示 n 维向量的一种形式。如二维向量 (x, y)，用三维向量 (k_x, k_y, k) 表示，其中 k 不能为零。我们称 (k_x, k_y, k) 为 (x, y) 的齐次坐标。很明显齐次坐标的表示是不唯一的。如 $(2, 3, 1)$ $(4, 6, 2)$ 和 $(1, 1.5, 0.5)$ 都是 $(2, 3)$ 的齐次坐标。但将齐次坐标还原成普通坐标的结果是唯一的。

将式（3-1）表示为齐次坐标形式：

$$(x', y', 1) = (x, y, 1) \begin{pmatrix} 1 & 0 & 0 \\ 0 & 1 & 0 \\ T_x & T_y & 1 \end{pmatrix}$$

则平移变换、旋转变换和比例变换用一种右乘运算形式表示：

$$\boldsymbol{P}' = \boldsymbol{P} \cdot \boldsymbol{T}, \quad \boldsymbol{P}' = \boldsymbol{P} \cdot \boldsymbol{R}, \quad \boldsymbol{P}' = \boldsymbol{P} \cdot \boldsymbol{S}$$

其中平移矩阵、旋转矩阵、缩放矩阵为

$$\boldsymbol{T} = \begin{pmatrix} 1 & 0 & 0 \\ 0 & 1 & 0 \\ T_x & T_y & 1 \end{pmatrix}, \ \boldsymbol{R} = \begin{pmatrix} \cos\theta & \sin\theta & 0 \\ -\sin\theta & \cos\theta & 0 \\ 0 & 0 & 1 \end{pmatrix}, \ \boldsymbol{S} = \begin{pmatrix} S_x & 0 & 0 \\ 0 & S_y & 0 \\ 0 & 0 & 1 \end{pmatrix}$$

在 OSG 图形库中矩阵变换用的是上述行表示坐标的右乘方式，但在 OpenGL、Unity3D 中多用列表示坐标的矩阵左乘运算形式，本书后续都使用左乘形式，矩阵左乘运算形式如下：

$$\boldsymbol{P} = \begin{pmatrix} x \\ y \\ 1 \end{pmatrix} \quad \boldsymbol{P}' = \begin{pmatrix} x' \\ y' \\ 1 \end{pmatrix}$$

$$\boldsymbol{P}' = \boldsymbol{T} \cdot \boldsymbol{P}, \ \boldsymbol{P}' = \boldsymbol{R} \cdot \boldsymbol{P}, \ \boldsymbol{P}' = \boldsymbol{S} \cdot \boldsymbol{P}$$

$$\begin{pmatrix} x' \\ y' \\ 1 \end{pmatrix} = \begin{pmatrix} 1 & 0 & T_x \\ 0 & 1 & T_y \\ 0 & 0 & 1 \end{pmatrix} \begin{pmatrix} x \\ y \\ 1 \end{pmatrix}$$

其中平移矩阵、旋转矩阵、缩放矩阵为

$$\boldsymbol{T} = \begin{pmatrix} 1 & 0 & T_x \\ 0 & 1 & T_y \\ 0 & 0 & 1 \end{pmatrix} \quad \boldsymbol{R} = \begin{pmatrix} \cos\theta & -\sin\theta & 0 \\ \sin\theta & \cos\theta & 0 \\ 0 & 0 & 1 \end{pmatrix} \quad \boldsymbol{S} = \begin{pmatrix} S_x & 0 & 0 \\ 0 & S_y & 0 \\ 0 & 0 & 1 \end{pmatrix}$$

3.3.5　二维级联变换

前面所讲的旋转变换是绕坐标系原点进行的，下面讨论绕平面内任意一点旋转的变换，如图 3-16 所示，点 P 绕点 Q 旋转 α 度。

该变换可以通过下面三个基本变换来实现。

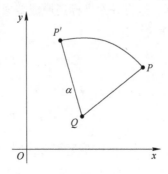

图 3-16　绕任意点旋转

把点 P、P' 和 Q 看作是一个整体，先将点 Q 平移至坐标系原点，其变换的矩阵形式为

$$
\begin{pmatrix} x_1 \\ y_1 \\ 1 \end{pmatrix} = \begin{pmatrix} 1 & 0 & -T_x \\ 0 & 1 & -T_y \\ 0 & 0 & 1 \end{pmatrix} \begin{pmatrix} x \\ y \\ 1 \end{pmatrix}
$$

再绕坐标系原点实施旋转变换为

$$
\begin{pmatrix} x_2 \\ y_2 \\ 1 \end{pmatrix} = \begin{pmatrix} \cos\alpha & -\sin\alpha & 0 \\ \sin\alpha & \cos\alpha & 0 \\ 0 & 0 & 1 \end{pmatrix} \begin{pmatrix} x_1 \\ y_1 \\ 1 \end{pmatrix}
$$

最后再将 Q 点平移回原处，其变换形式为

$$
\begin{pmatrix} x' \\ y' \\ 1 \end{pmatrix} = \begin{pmatrix} 1 & 0 & t_x \\ 0 & 1 & t_y \\ 0 & 0 & 1 \end{pmatrix} \begin{pmatrix} x_2 \\ y_2 \\ 1 \end{pmatrix}
$$

整理得

$$
\begin{pmatrix} x' \\ y' \\ 1 \end{pmatrix} = \begin{pmatrix} 1 & 0 & T_x \\ 0 & 1 & T_y \\ 0 & 0 & 1 \end{pmatrix} \begin{pmatrix} \cos\alpha & -\sin\alpha & 0 \\ \sin\alpha & \cos\alpha & 0 \\ 0 & 0 & 1 \end{pmatrix} \begin{pmatrix} 1 & 0 & -T_x \\ 0 & 1 & -T_y \\ 0 & 0 & 1 \end{pmatrix} \begin{pmatrix} x \\ y \\ 1 \end{pmatrix}
$$

表示成矩阵形式：

$$P' = T \cdot R \cdot T^{-1} \cdot P$$

这样，绕平面上任一点的旋转变换，可以转变为三个基本几何变换矩阵的乘积。把需要三次的几何变换，变成了一次几何变换，提高了运算的效率。事实上，许多复杂的几何变换都可以分解成若干次基本的几何变换组合，这种变换称为级联变换。

类似地，以平面上任一点为参照的比例变换，可以通过下面矩阵运算实现：

$$P' = T \cdot S \cdot T^{-1} \cdot P$$

3.4　三维几何变换

3.4.1　三维平移变换

同二维平移类似，三维平移变换可以表示为

$$
\begin{pmatrix} x' \\ y' \\ z' \\ 1 \end{pmatrix} =
\begin{pmatrix} 1 & 0 & 0 & t_x \\ 0 & 1 & 0 & t_y \\ 0 & 0 & 1 & t_z \\ 0 & 0 & 0 & 1 \end{pmatrix}
\begin{pmatrix} x \\ y \\ z \\ 1 \end{pmatrix}
$$

其中：

$$
T(t_x,\ t_y,\ t_z) =
\begin{pmatrix} 1 & 0 & 0 & t_x \\ 0 & 1 & 0 & t_y \\ 0 & 0 & 1 & t_z \\ 0 & 0 & 0 & 1 \end{pmatrix}
$$

称为平移矩阵。

3.4.2　三维比例变换

以坐标系原点为参照点的三维比例变换同二维比例变换类似，变换坐标为

$$
\begin{pmatrix} x' \\ y' \\ z' \\ 1 \end{pmatrix} =
\begin{pmatrix} S_x & 0 & 0 & 0 \\ 0 & S_y & 0 & 0 \\ 0 & 0 & S_z & 0 \\ 0 & 0 & 0 & 1 \end{pmatrix}
\begin{pmatrix} x \\ y \\ z \\ 1 \end{pmatrix}
$$

其中：

$$S(S_x,\ S_y,\ S_z) = \begin{pmatrix} S_x & 0 & 0 & 0 \\ 0 & S_y & 0 & 0 \\ 0 & 0 & S_z & 0 \\ 0 & 0 & 0 & 1 \end{pmatrix}$$

称为三维比例变换矩阵。

3.4.3　三维旋转变换

与二维几何旋转不同，三维物体的旋转是绕空间中某一直线进行的。为了方便讨论，先考虑物体绕 z 轴旋转的情形，如图 3-17 所示。

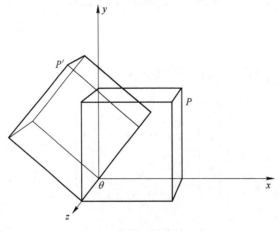

图 3-17　绕 z 轴旋转 θ 角

假设点 P 的坐标为 $(x,\ y,\ z)$、点 P' 的坐标为 $(x',\ y',\ z')$，根据立体几何知识可以得到

$$\begin{cases} x' = x\cos\theta - y\sin\theta \\ y' = x\sin\theta + y\cos\theta \\ z' = \qquad\qquad\quad z \end{cases}$$

其矩阵表示为

$$\begin{pmatrix} x' \\ y' \\ z' \\ 1 \end{pmatrix} = \begin{pmatrix} \cos\theta & -\sin\theta & 0 & 0 \\ \sin\theta & \cos\theta & 0 & 0 \\ 0 & 0 & 1 & 0 \\ 0 & 0 & 0 & 1 \end{pmatrix} \begin{pmatrix} x \\ y \\ z \\ 1 \end{pmatrix}$$

考虑到参数 x, y, z 的地位是相同的，按照右手系规则，将其按下面方式轮换

$$x \rightarrow y \rightarrow z \rightarrow x$$

便可以得到绕 x 轴和 y 轴旋转的变换坐标。

$$\begin{cases} y' = y\cos\theta - z\sin\theta \\ z' = y\sin\theta + z\cos\theta \\ x' = \qquad\qquad x \end{cases}$$

即绕 x 轴旋转的变换矩阵为

$$\boldsymbol{R}_x(\theta) = \begin{pmatrix} 1 & 0 & 0 & 0 \\ 0 & \cos\theta & -\sin\theta & 0 \\ 0 & \sin\theta & \cos\theta & 0 \\ 0 & 0 & 0 & 1 \end{pmatrix}$$

$$\begin{cases} z' = z\cos\theta - x\sin\theta \\ x' = z\sin\theta + x\cos\theta \\ y' = \qquad\qquad y \end{cases}$$

即绕 y 轴旋转的变换矩阵为

$$\boldsymbol{R}_y(\theta) = \begin{pmatrix} \cos\theta & 0 & \sin\theta & 0 \\ 0 & 1 & 0 & 0 \\ -\sin\theta & 0 & \cos\theta & 0 \\ 0 & 0 & 0 & 1 \end{pmatrix}$$

3.4.4　三维绕空间任一直线旋转变换

如图 3-18 所示，点 P 绕空间中任一直线旋转 θ 角。其基本思想仍是将这一变换分解为若干基本几何变换的级联。

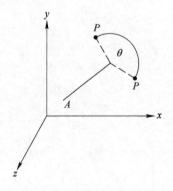

图 3-18　绕空间任一直线旋转

（1）将点 A 平移至坐标系原点，如图 3-19 所示。

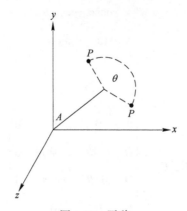

图 3-19　平移

其变换矩阵为

$$T(-t_x, \ -t_y, \ -t_z) = \begin{pmatrix} 1 & 0 & 0 & -t_x \\ 0 & 1 & 0 & -t_y \\ 0 & 0 & 1 & -t_z \\ 0 & 0 & 0 & 1 \end{pmatrix}$$

（2）将直线 AB 绕 y 轴旋转 α 角，使 AB 落入 (y, z) 平面，如图 3-20 所示。

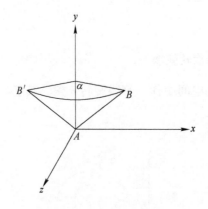

图 3-20　绕 y 轴旋转

其变换矩阵为

$$R(-\alpha) = \begin{pmatrix} \cos(-\alpha) & 0 & \sin(-\alpha) & 0 \\ 0 & 1 & 0 & 0 \\ -\sin(-\alpha) & 0 & \cos(-\alpha) & 0 \\ 0 & 0 & 0 & 1 \end{pmatrix}$$

（3）将直线 AB' 绕 x 轴旋转 β 角，使之与 z 轴重合，如图 3-21 所示。

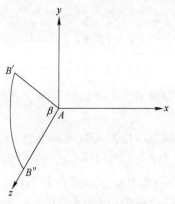

图 3-21 绕 x 轴旋转

其变换矩阵为

$$R(\beta) = \begin{pmatrix} 1 & 0 & 0 & 0 \\ 0 & \cos\beta & -\sin\beta & 0 \\ 0 & \sin\beta & \cos\beta & 0 \\ 0 & 0 & 0 & 1 \end{pmatrix}$$

（4）绕 z 轴旋转 θ 角，其变换矩阵为

$$R(\theta) = \begin{pmatrix} \cos\theta & -\sin\theta & 0 & 0 \\ \sin\theta & \cos\theta & 0 & 0 \\ 0 & 0 & 1 & 0 \\ 0 & 0 & 0 & 1 \end{pmatrix}$$

（5）实施（3）的逆变换 $R(-\beta)$。

（6）实施（2）的逆变换 $R(\alpha)$。

（7）实施（1）的逆变换 $T(t_x, t_y, t_z)$。

这样绕空间中任一直线旋转的变换可以表示为

$$P' = T(t_x, t_y, t_z) \cdot R(\alpha) \cdot R(-\beta) \cdot R(\theta) \cdot R(\beta) \cdot R(-\alpha) \cdot T(-t_x, -t_y, -t_z) \cdot P$$

3.5 四元数和欧拉角

3.5.1 四元数

复数是由实数加上虚数 i 构成的，即复数对 (a, b) 定义为 $a + b\mathrm{i}$。

四元数本质上是一个高阶复数，可视为复数的扩展，表达式为 $y = a + b\mathrm{i} + c\mathrm{j} + d\mathrm{k}$。i，j，k 的关系如下：

$$\mathrm{i}^2 = \mathrm{j}^2 = \mathrm{k}^2 = -1$$

$$i \cdot j = k, \quad j \cdot i = -k$$

$$j \cdot k = i, \quad k \cdot j = -i$$

$$k \cdot i = j, \quad i \cdot k = -j$$

四元数主要作用是使空间对象绕任一方向轴旋转。在使用四元数旋转前要注意以下两点。

（1）用于旋转的四元数必须是单位四元数（即模为 1）。例如，将三维坐标的某一点 (x, y, z) 用四元数表示，通过定义 $p[0, (x, y, z)]$ 即可。此时角度 θ 绕单位旋转轴 (x, y, z) 旋转后的单位四元数格式为 $q = [\cos(\theta/2), \sin(\theta/2)(x, y, z)]$。

（2）实际参与旋转的四元数有两个：p 和 p 的逆。

例如，假设四元数点 p 绕 n 旋转，n 为旋转轴，单位向量；θ 为旋转角，求旋转后的新四元数点 p'。

设 q 为旋转四元数格式 $[\cos(\theta/2), n\sin(\theta/2)]$，则有以下等式：

$$p' = qpq^{-1}$$

此种方法可以和矩阵形式快速转换。

在 Unity 编辑器中的 Transform 组件包括位置（position）、旋转（rotation）和缩放（scale）。Rotation 是一个四元数，但是不能直接对 Quaterian. Rotation 赋值。使用函数 Quaterian. Eular（Vector3 angle）可以获取四元数，该函数返回的就是四元数。

欧拉角表示为 Quaterion. eulerAngles，可以对其进行赋值，如：

Quaterion. eulerAngles = new Vector3（0, 30, 0）

四元数可以用来进行旋转，其表达式为 Quaterion. AngleAxis（float angle，Vector3 axis）。调用这个函数可以对物体进行旋转，在旋转时还可以调用函数 Quaternion. Lerp（）进行插值计算，这些函数都是在编写逻辑时调用的。

3.5.2 欧拉角

物件在三维空间的有限转动可以看成由绕三个互相垂直轴的方向转动的某个角度组合而成的一个旋转序列。欧拉角就是物体绕坐标系三个坐标轴（即 x 轴、y 轴、z 轴）的旋转角度，三个轴的旋转顺序不受限制。

欧拉角也可用于描述一个参照系（通常是一个坐标系）和另一个参照系之间的位置关系。

如图 3-22 所示，原始的参考系坐标轴被定义为 x，y，z，旋转后的坐标系坐标轴被定义为 X，Y，Z，xy 和 XY 坐标平面的交线（N）称为交轨线，α 为 x 轴和 N 线之间的角度，β 为 z 轴和 Z 轴之间的角度，γ 为 N 线和 X 轴之间的角度。

转换过程是：坐标系先绕 z 轴旋转角度 α，然后绕 N 线（第一次旋转后 X 轴的方位）旋转角度 β，最后绕 Z 轴旋转角度 γ，此时 α，β，γ 称为欧拉角，这种旋转称为原始或经典欧拉角旋转。

欧拉角也是用于旋转的，但是它有一个致命的缺点：绕第二个轴的旋转角度为 ±90° 时，就会出现万向节死锁现象。欧拉角旋转在 Unity 引擎中通常使用的函数是 transform. Rotate（Vector3 angle）。

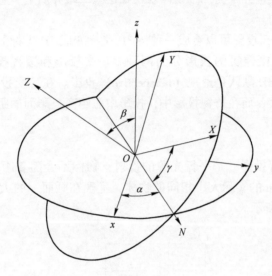

图 3-22　欧拉角

万向节死锁就是在三维空间中某两个轴在旋转时重叠了，不论如何旋转，三个轴都成了两个轴。例如：

transform. Rotate(new Vector3(0,0,40)) ;

transform. Rotate(new Vector3(0,90,0)) ;

transform. Rotate(new Vector3(80,0,0)) ;

只需要固定中间一句代码，即使 y 轴的旋转角度始终为 90°，就会发现无论如何调整 x 轴和 z 轴的旋转角度，它们总是会在同一个平面上运动。万向节死锁实际上没有锁住任何一个旋转轴，即使在这种情况下感觉丧失了一个维度。因此，只要第二个旋转角度不是 ±90°，就可以依靠改变其他两个轴的旋转角度来得到任意旋转位置。

最简单的理解还是 x，y，z 轴的旋转顺序。当 y 轴的旋转角度为 90° 时，会得到下面的矩阵。

$$R = \begin{pmatrix} 0 & 0 & 1 \\ \sin(\alpha + y) & \cos(\alpha + y) & 0 \\ -\cos(\alpha + y) & \sin(\alpha + y) & 0 \end{pmatrix}$$

在改变第一次和第三次旋转角度时，得到的是同样的效果，并不会改变第一行和第三列的数值，从而缺失了一个维度。究其本质，是因为从欧拉角到旋转的映射并非一个覆盖映射，即不同的欧拉角可以表示同一个旋转方向，而且并非每一个旋转变化都可以用欧拉角来表示。

3.6　投影变换

下面我们讨论投影变换。由于人们用来显示图形的介质绝大多数是平面的，如纸张、显示屏等。如何将现实世界中的三维物体表现在这些二维介质上，并且具有三维的视觉感受正是投影变换要做的。

计算机 3D 图像中，投影可以看成一种将 3D 坐标变成 2D 坐标的方法。

在 Unity 引擎中，摄像机的投影分为两种：正交投影和透视投影。2D 默认是正交（orthographic）投影，3D 默认是透视（perspective）投影。在正交投影中，投影中心距离投影面的距离是无穷大；而在透视投影中，投影中心距离投影面的距离是有限的。

3.6.1 正交投影

正交投影也称平行投影，是平行光源的投射，物体不会随着距离的改变而改变。例如，距离 10m 和 1000m 的实际大小相同的物体，呈现在画面上的大小也是相同的。正交投影的原理如图 3-23 所示。

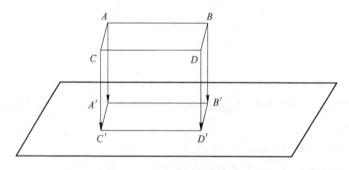

图 3-23 正交投影的原理

在正平行投影中，投影中心距投影面无穷远，而投影线垂直于投影面。在工程设计中广泛采用的三视图主视图、侧视图和俯视图就是典型的正平行投影。

3.6.1.1 主视图

图 3-24 为三视图。

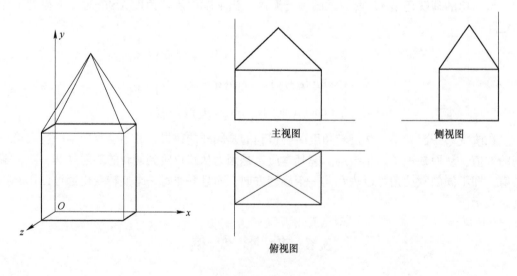

图 3-24 三视图

将平面 xOy 作为投影面，这样对于空间中任一点（x，y，z）有

$$\begin{cases} x' = x \\ y' = y \\ z' = 0 \end{cases}$$

这样主视图变换矩阵为

$$\boldsymbol{P}_{\mathrm{f}} = \begin{pmatrix} 1 & 0 & 0 & 0 \\ 0 & 1 & 0 & 0 \\ 0 & 0 & 0 & 0 \\ 0 & 0 & 0 & 1 \end{pmatrix}$$

3.6.1.2 侧视图

对于侧视图，可以先将物体绕 y 轴旋转-90°，然后再作主视图变换，即

$$\boldsymbol{P}_{\mathrm{r}} = \begin{pmatrix} 1 & 0 & 0 & 0 \\ 0 & 1 & 0 & 0 \\ 0 & 0 & 0 & 0 \\ 0 & 0 & 0 & 1 \end{pmatrix} \cdot \begin{pmatrix} 0 & 0 & -1 & 0 \\ 0 & 1 & 0 & 0 \\ 1 & 0 & 0 & 0 \\ 0 & 0 & 0 & 1 \end{pmatrix} = \begin{pmatrix} 0 & 0 & -1 & 0 \\ 0 & 1 & 0 & 0 \\ 0 & 0 & 0 & 0 \\ 0 & 0 & 0 & 1 \end{pmatrix}$$

3.6.1.3 俯视图

对于俯视图，可以先将物体绕 X 轴旋转 90°，然后再作主视图变换，即

$$\boldsymbol{P}_{\mathrm{d}} = \begin{pmatrix} 1 & 0 & 0 & 0 \\ 0 & 1 & 0 & 0 \\ 0 & 0 & 0 & 0 \\ 0 & 0 & 0 & 1 \end{pmatrix} \cdot \begin{pmatrix} 1 & 0 & 0 & 0 \\ 0 & 0 & -1 & 0 \\ 0 & 1 & 0 & 0 \\ 0 & 0 & 0 & 1 \end{pmatrix} = \begin{pmatrix} 1 & 0 & 0 & 0 \\ 0 & 0 & -1 & 0 \\ 0 & 0 & 0 & 0 \\ 0 & 0 & 0 & 1 \end{pmatrix}$$

3.6.2 透视投影

透视投影比轴测投影更具立体感和真实感，因为这种投影和我们用眼睛观看现实世界所得到的景象很相近。同样的物体，离视点近则看起来比较大，离视点远则看起来比较小。

透视投影是 3D 渲染中的基本概念，也是 3D 程序设计的基础。掌握透视投影的原理对深入理解其他 3D 渲染管线具有重要作用。

与人的视觉系统相似，透视投影多用在三维平面中对三维世界的呈现。如图 3-25 所示，模型由视点 E 和视平面 P 两部分构成（要求 E 不在 P 上）。其中，视点就是观察者的位置，即三维世界的角度；视平面就是渲染三维对象的二维平面图。对于任意一点 X，构造一条从 E 到 X 的射线 R，R 与视平面 P 的交点 X_P 即为 X 点的透视投影结果。

3D 中的透视投影仍然是投影到二维平面上的，但投影线不再平行，而相交于视点 E 上，视点 E 称为投影中心。物理学上的小孔成像就是透视投影。

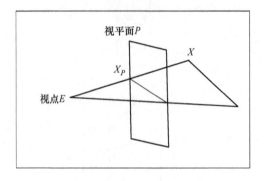

图 3-25　X 点的透视投影

假设空间有一点 $q(x_q, y_q, z)$，其投影在视平面上的点为 $q'(x_{q'}, y_{q'}, n)$，利用三角形相似性，可得出 $x = \dfrac{x_{q'}}{x_q} = \dfrac{-n}{z}$ 把 x，y 坐标映射到规范视域体 $[-1, 1]$ 中，得到以下投影公式：

$$\begin{cases} x' = \dfrac{2x}{r-1} - \dfrac{r+1}{r-1} \\[3mm] y' = \dfrac{2y}{t-b} - \dfrac{t+b}{t-b} \end{cases}$$

视域体由以下 6 个面定义。

left：$x = l$，right：$x = r$，bottom：$y = b$，top：$y = t$，near：$z = n$，far：$z = f$。视域体在三维坐标系上的表示如图 3-26 所示。

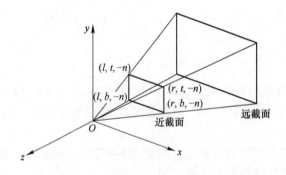

图 3-26　视域体在三维坐标系上的表示

把 x 代替为 $x \cdot \dfrac{n}{z}$，则

$$\begin{cases} x' = \left(\dfrac{2n}{r-1}\right)\dfrac{x}{z} - \dfrac{r+1}{r-1} \\[4mm] y' = \left(\dfrac{2n}{t-b}\right)\dfrac{y}{z} - \dfrac{t+b}{t-b} \end{cases}$$

而 z 和 z' 的转换不依赖于 x 和 y，因此可以根据 z 和 z' 的线性关系来确定 z'，当 $z=n$ 时，$z'=0$；当 $z=f$ 时，$z'=1$。因此，可以得到：

$$zz' = \frac{f}{f-n}z - \frac{fn}{f-n}$$

在数学变换中，矩阵最后一行总是 $[0,0,0,1]$，故设 $w'=1$，则得到以下投影公式：

$$\begin{cases} x'z = \dfrac{2n}{r-1}x - \dfrac{r+1}{r-1}z \\[4mm] y'z = \dfrac{2n}{t-b}y - \dfrac{t+b}{t-b}z \\[4mm] z'z = \dfrac{f}{f-n}z - \dfrac{fn}{f-n} \\[4mm] w'z = z \end{cases}$$

把这个公式写成矩阵的形式，即可得投影矩阵：

$$\boldsymbol{P} = \begin{pmatrix} \dfrac{2n}{r-1} & 0 & -\dfrac{r+1}{r-1} & 0 \\[4mm] 0 & \dfrac{2n}{t-b} & \dfrac{t+b}{t-b} & 0 \\[4mm] 0 & 0 & \dfrac{f}{f-n} & -\dfrac{fn}{f-n} \\[4mm] 0 & 0 & 1 & 0 \end{pmatrix}$$

设空间点 q 为 $(1,2,3)$，视域体为规范视域体，即 left：$x=-1$, right：$x=1$, bottom：$y=-1$, top：$y=1$, near：$z=0$, far：$z=-1$。

则透视投影矩阵 $\boldsymbol{P}$ 为

$$\begin{pmatrix} \dfrac{2n}{r-1} & 0 & -\dfrac{r+1}{r-1} & 0 \\[4mm] 0 & \dfrac{2n}{t-b} & \dfrac{t+b}{t-b} & 0 \\[4mm] 0 & 0 & \dfrac{f}{f-n} & -\dfrac{fn}{f-n} \\[4mm] 0 & 0 & 1 & 0 \end{pmatrix} = \begin{pmatrix} 0 & 0 & 0 & 0 \\ 0 & 0 & 0 & 0 \\ 0 & 0 & 1 & 0 \\ 0 & 0 & 1 & 0 \end{pmatrix}$$

通过定义可得空间点 q 的四元数为（0，（1，2，3）），则投影在视平面上的点为

$$q' = Pq = \begin{pmatrix} 0 & 0 & 0 & 0 \\ 0 & 0 & 0 & 0 \\ 0 & 0 & 1 & 0 \\ 0 & 0 & 1 & 0 \end{pmatrix}\begin{pmatrix} 0 \\ 1 \\ 2 \\ 3 \end{pmatrix} = \begin{pmatrix} 0 \\ 0 \\ 2 \\ 3 \end{pmatrix}$$

3.7 案 例

3.7.1 基本 OpenGL 应用程序生成

OpenGL 是一种图形显示软件工具包，它为图形硬件提供软件接口。OpenGL 为计算机动画提供由图形生成图像帧的工具。glut 库提供了基本的窗口命令和人机交互功能，使用该库可以快速完成图形绘制应用程序的开发。

OpenGL 函数库相关的 API 有核心库(gl)、实用库(glu)、辅助库(aux)、实用工具库(glut) 等。

gl 是核心库，glu 是对 gl 的部分封装，glut 是 OpenGL 的跨平台工具库，gl 中包含了最基本的 3D 函数。

OpenGL 实用库：43 个函数，以 glu 开头，包括纹理映射、坐标变换、多边形分化，绘制一些如椭球、圆柱、茶壶等简单多边形实体部分，像核心函数一样在任何 OpenGL 平台都可以应用。

OpenGL 辅助库：31 个函数，以 aux 开头。

首先，需要包含头文件#include <gl/glut. h>，这是 GLUT 的头文件。本来 OpenGL 程序一般还要包含<gl/gl. h>和<gl/glu. h>，但 GLUT 的头文件中已经自动将这两个文件包含了，不必再次包含。

头文件：GL. H, GLAUX. H, GLU. H, glut. h。

静态链接库：GLAUX. LIB, GLU32. LIB, glut32. lib, glut. lib, OPENGL32. LIB。

动态链接库：glaux. dll, glu32. dll, glut32. dll, glut. dll, opengl32. dll。

（1）"File"→"New"→"Project" 选择 Win32 应用程序，输入名称 HelloOpenGL，如图 3-27 所示。

（2）单击"OK"按钮后，在后续的对话框中选中 Empty project，然后单击"Finish"按钮，如图 3-28 所示。

（3）用鼠标右键单击项目名，选择属性（property），再选择链接器（Linker）中的输入选项（Input），附加依赖项（Additional Dependencies）：opengl32. lib glu32. lib glaux. lib，如图 3-29 所示。

（4）用鼠标右键单击项目名下的源文件，选择添加（ADD），再选择新建项（New Item），在弹出来的对话框中选择 C++ File（. cpp），输入文件名 test，然后单击添加（ADD），即新建源文件，如图 3-30 所示。

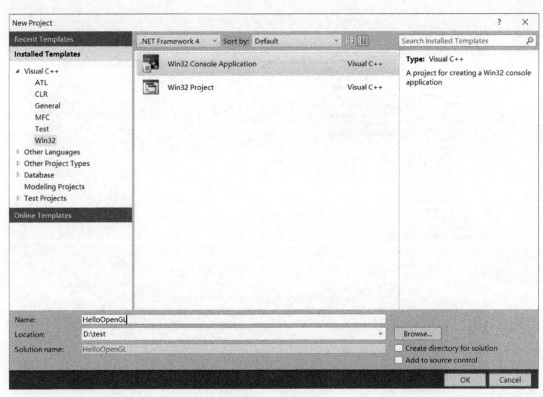

图 3-27 创建工程

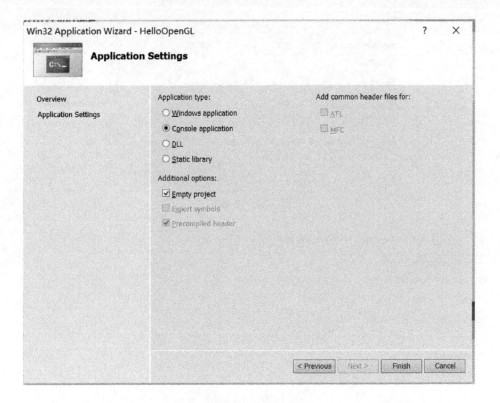

图 3-28 建立工程

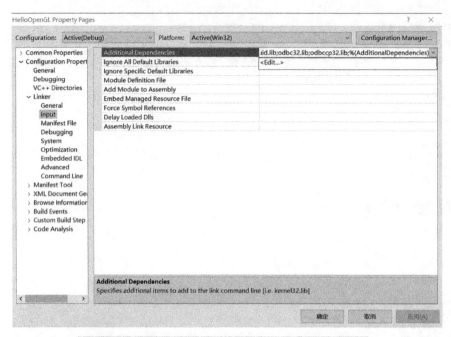

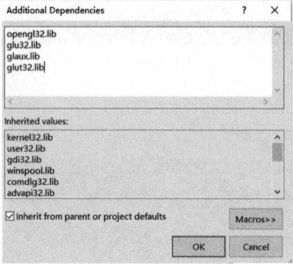

图 3-29　添加库

（5）在源文件 test. cpp 中输入如下代码：

```
#include <GL/glut.h>
#include <stdlib.h>

void display (void)
{
/* 清除颜色缓存 */
glClear (GL_COLOR_BUFFER_BIT);
```

图 3-30　新建源文件

```
/* 绘制一个白色多边形, 指定四个顶点的坐标
 */

    glColor3f (1.0, 1.0, 1.0);
    glBegin (GL_POLYGON);
        glVertex3f (0.25, 0.25, 0.0);
        glVertex3f (0.75, 0.25, 0.0);
        glVertex3f (0.75, 0.75, 0.0);
        glVertex3f (0.25, 0.75, 0.0);
    glEnd ();

/* 不等待
 * 立即开始处理保存在缓冲区中的 OpenGL 函数调用。
 */
    glFlush ();
}


void init (void)
{
/* 制定清除颜色 */
glClearColor (0.0, 0.0, 0.0, 0.0);
```

```
/* 设置投影变换方式 */
    glMatrixMode (GL_PROJECTION);
    glLoadIdentity ();
    glOrtho (0.0, 1.0, 0.0, 1.0, -1.0, 1.0);
}


/*
 *指定窗口的初始大小和位置以及显示模式（单缓存和 RGBA 模式）
 *打开一个标题为 hello 的窗口
 *调用 init 函数
 *注册显示函数
 * 进入主循环并处理事件
 * /

int main (int argc, char * * argv)
{
    glutInit (&argc, argv);
    glutInitDisplayMode (GLUT_SINGLE | GLUT_RGB);
    glutInitWindowSize (250, 250);
    glutInitWindowPosition (100, 100); glutCreateWindow
     ("hello");
    init ();

    glutDisplayFunc (display);
    glutMainLoop ();
    return 0;
}
```

实验结果如图 3-31 所示。

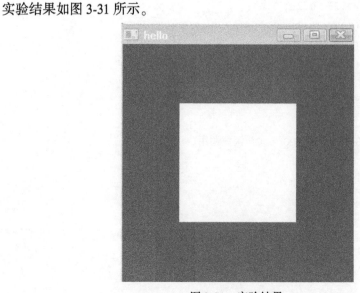

图 3-31　实验结果

3.7.2　OpenGL 基本图形元素和模型变换

OpenGL 提供了基本实体模型的绘制函数及其应用方法。OpenGL 绘制的三维形体通过模型视点变换，投影变换和视口变换后显示在窗口中，通过设置不同的矩阵操作完成这些变换。

（1）"File"→"New"→"Project" 选择 Win32 应用程序，输入名称 HelloOpenGL，如图 3-32 所示。

图 3-32　创建工程

（2）单击"OK"按钮后，在后续的对话框中选中 Empty project，然后单击"Finish"按钮，如图 3-33 所示。

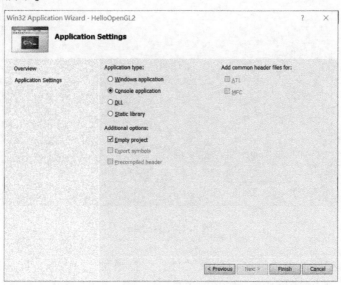

图 3-33　建立工程

（3）用鼠标右键单击项目名，选择属性（proerty），再选择链接器（Linker）中的输入选项（Input），附加依赖项（Additional Dependencies）：opengl32. lib glu32. lib glaux. lib，如图 3-34 所示。

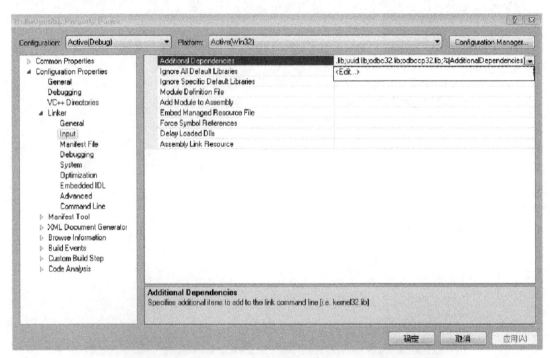

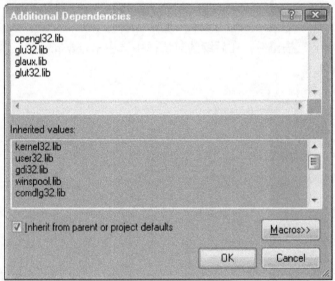

图 3-34   添加库

（4）用鼠标右键单击项目名下的源文件，选择添加（ADD），再选择新建项（New Item），在弹出来的对话框中选择 C++ File（. cpp），输入文件名 test，然后单击添加（ADD），即新建源文件，如图 3-35 所示。

图 3-35　新建源文件

（5）在添加的源文件中输入如下代码。

```
#include <GL/glut.h>
#include <stdlib.h>

static int year = 0, day = 0;

void init(void)
{
    glClearColor (0.0, 0.0, 0.0, 0.0);
    glShadeModel (GL_FLAT);
}

void display (void)
{
    glClear (GL_COLOR_BUFFER_BIT);
    glColor3f (1.0, 1.0, 1.0);
    glPushMatrix ();
    glutWireSphere (1.0, 20, 16);    /* 绘制太阳 */
    glRotatef ((GLfloat) year, 0.0, 1.0, 0.0);
    glTranslatef (2.0, 0.0, 0.0);
    glRotatef ((GLfloat) day, 0.0, 1.0, 0.0);
```

```
        glutWireSphere (0.2, 10, 8);    /* 绘制行星 */
        glPopMatrix ();
        glutSwapBuffers ();
}


void reshape (int w, int h)
{
        glViewport (0, 0, (GLsizei) w, (GLsizei) h);
        glMatrixMode (GL_PROJECTION);
        glLoadIdentity ();
        gluPerspective (60.0, (GLfloat) w / (GLfloat) h, 1.0, 20.0);
        glMatrixMode (GL_MODELVIEW); glLoadIdentity ();

        gluLookAt (0.0, 0.0, 5.0, 0.0, 0.0, 0.0, 0.0, 1.0, 0.0);
}


void keyboard (unsigned char key, int x, int y)
{
        switch (key) {
            case 'd':
                day = (day + 10) % 360;
                glutPostRedisplay ();
                break;
            case 'D':
                day = (day - 10) % 360;
                glutPostRedisplay ();
                break;
            case 'y':
                year = (year + 5) % 360;
                glutPostRedisplay ();
                break;
            case 'Y':
                year = (year-5) % 360;
                glutPostRedisplay ();
                break;
            case 27:
                exit (0);
                break;
            default:
                break;
            }
    }
```

```
int main (int argc, char * * argv)
{
    glutInit (&argc, argv);
    glutInitDisplayMode (GLUT_DOUBLE | GLUT_RGB);
    glutInitWindowSize (500, 500);
    glutInitWindowPosition (100, 100);
    glutCreateWindow (argv [0]);
    init ();

    glutDisplayFunc (display);
    glutReshapeFunc (reshape);
    glutKeyboardFunc (keyboard);
    glutMainLoop ();
    return 0;
}
```

实验结果如图 3-36 所示。

图 3-36　实验结果

按键盘上的 d、D、Y 或者 y 可以观察到三维形体的运动。

3.7.3　Unity3D 项目开发

3.7.3.1　新建项目

一个完整的游戏与交互就是一个项目（project），游戏与交互中不同关卡对应的是项目下的场景（scene）。一个游戏与交互可以包含若干关卡（场景），因此一个项目下可以保存多个场景。

创建一个新项目"U3DDemol",并将其保存在"D：\U3DProjects"目录下,如图3-37所示。

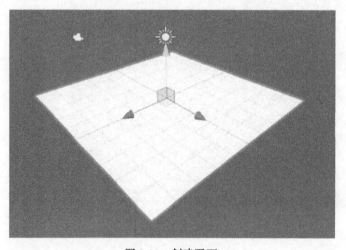

图 3-37　新建项目

3.7.3.2　添加 3D 模型

使用 Unity3D 可以创建一些基本的几何体,如立方体 Cube、球体 Sphere、胶囊体 Capsule、圆柱体 Cylinder、平面 Plane 等。也可以在 3D 建模软件(如 3ds Max、Maya 等)中创建 3D 模型,导出文件为 FBX 格式,再将生成的 FBX 文件导入 Project 视图中。

首先,创建平面,如图 3-38 所示。执行"GameObject"→"3D Object"→"Plane"命令,在 Inspector 视图中设置"Transform"的"Position"为(0,0,0)。

扫一扫
查看彩图

图 3-38　创建平面

为了方便操作,先选择 z 轴视角。

其次,创建立方体,执行"GameObject"→"3D Object"→"Cube"命令,设置 Cube 的 Inspector 视图中的"Transform"的"Position"为(0,0.5,0),如图 3-39 所示。

使用同样方法,创建一个球体 Sphere,设置"Position"为(1,0.5,2),如图 3-40 所示。

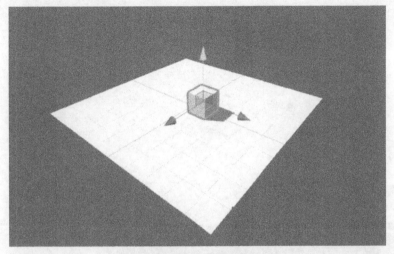

扫一扫
查看彩图

图 3-39　创建模型

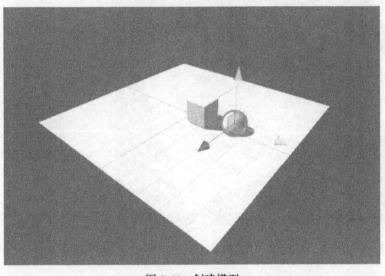

扫一扫
查看彩图

图 3-40　创建模型

再次，执行"Import New Asset"命令，导入模型"毛刷.fbx"，在 Asset 窗口中会看到"毛刷.fbx"模型，如图 3-41 所示。

最后，将"毛刷"模型拖曳到 Hierarchy 视图中，设置"Transform"的"Position"为（0，1.5，-2）。由于模型比较大，设置缩放比例"Scale"为（0.1，0.1，0.1）。这样就初步建立了一个简单场景，如图 3-42 所示。

3.7.4　时序 WebVR 虚拟场景搭建

（1）打开 chrome 或 360 浏览器，在地址栏输入：http：//webvr.smartion.cn，出现图 3-43所示的界面。

（2）输入登录用户名：student，密码：student。

（3）新建项目，输入项目名。在左侧的项目库树形结构中出现该项目，如图 3-44 所示。

扫一扫
查看彩图

图 3-41　导入模型

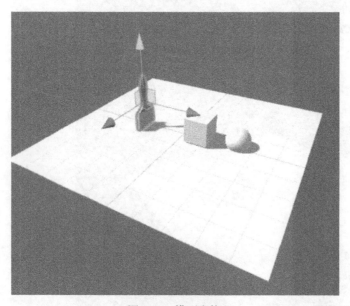

扫一扫
查看彩图

图 3-42　模型变换

扫一扫
查看彩图

图 3-43　登录页面

（4）在项目树中用鼠标右键单击项目名，选择编辑项目场景菜单，如图 3-45 所示。

（5）在打开的项目编辑场景中，可以导入新模型，在模型库中选择模型导入，如图 3-46 所示。

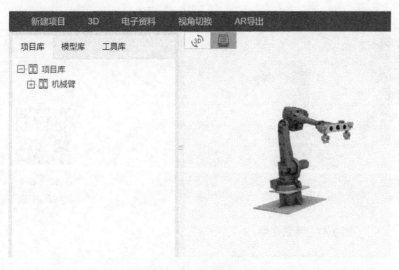

扫一扫
查看彩图

图 3-44　新建项目

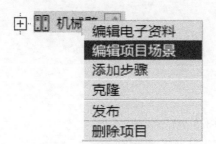

图 3-45　编辑场景菜单

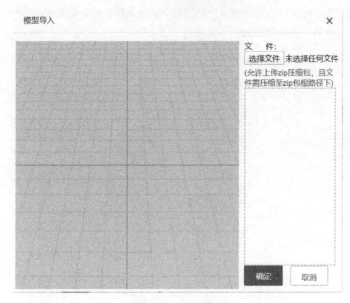

图 3-46　导入模型

（6）可对场景中模型进行平移、旋转、缩放实现场景布局，如图 3-47 所示。

扫一扫
查看彩图

图 3-47 场景布局

习 题

1. 设 $P = <2, 3, 1>$, $Q = <-1, 1, -1>$，计算：
 （1）$P + Q$；
 （2）$P \cdot Q$；
 （3）$P \times Q$；
 （4）$(P + Q) \times P$。

2. 计算绕 x、y、z 轴旋转 45° 的 3×3 阶旋转矩阵。

3. 写出以旋转角度 30° 绕轴 <0, 4, 8> 旋转的单位四元数。

4. 将点 $P(1, 0, 1)$ 绕旋转轴 $U = (0, 1, 0)$ 旋转 90°，求旋转后的顶点坐标。

5. 如何理解物体的任何一种旋转都可分解为分别绕三个轴的旋转，但分解方式不唯一。

6. 什么是万向节死锁现象，应如何避免?

4 三维几何造型

VR/AR 中虚拟场景是由多种不同尺度的三维数字模型（如车间、流水线、设备、产品等）来构成的，处理这些三维模型是 VR/AR 系统的基础，如图 4-1 所示。根据行业需求的不同，三维模型由实体建模、多边形建模、曲面建模、逆向建模等方式创建而成。在 VR/AR 系统中，一般并不需要直接进行三维建模，而是使用这些商用软件建成的模型。出于各种原因，VR/AR 系统更多采用三维网格（mesh 或 polygon）模型，其基本单元是三角形。三维网格是一系列三角形的集合，满足 VR/AR 系统的实时性，可直接用于图形显卡进行快速处理。本章主要介绍基于三角形网格的三维模型表达和数据结构，并给出常用的模型处理和优化算法。

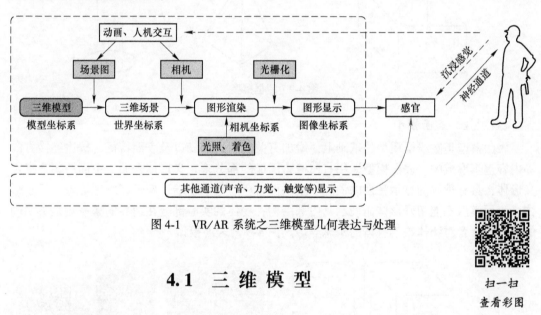

图 4-1 VR/AR 系统之三维模型几何表达与处理

扫一扫
查看彩图

4.1 三 维 模 型

4.1.1 建模概述

按所构造的对象来划分，可分为规则形体和不规则形体。规则形体是指可以用欧氏几何进行描述的三维物体，如点、直线、曲线、平面、曲面或三维立体等及它们的规则组合。不规则形体是指不能用欧氏几何进行描述的物体，如山、树、草、云、火、波浪等自然界的复杂物体。不规则形体大多采用过程式模拟，即用一个简单模型和少量易于调节的参数来表示一大类形体，不断改变参数，递归调用这一模型就能产生数量很大的形体，这一技术也称为数据放大技术。不规则形体造型方法主要有：基于分维数理论的随机插值模型、基于文法的模型、粒子系统模型。

规则形体的几何造型是本章描述的重点。

三维几何造型就是通过点、线、面和立体等几何元素的定义、几何变换、集合运算构建客观存在或想象中的形体模型，是确定形体形状和其他几何特征方法的总称。

4.1.2 简单几何建模

VR/AR 系统中建模一般使用两种方式：简单几何建模和复杂几何建模。简单几何体就是一些基本几何体素，比如点、线、球体、圆柱体等，目前很多图形引擎都提供相关功能，在 VR/AR 系统中可实时创建。在计算机中，形体常用线框模型、表面模型、实体模型来表示。

4.1.2.1 线框模型

线框模型是应用最早，也是最简单的一种形体表示方法，采用三维空间的线段表达三维形体的棱边。采用线框模型描述形体所需信息最少，数据运算简单，所占的存储空间也比较小；对硬件的要求也不高，容易掌握，处理时间较短。但是线框模型信息表达不完整、不易表达曲面体，如图 4-2 所示。

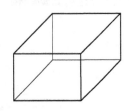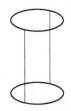

图 4-2　线框模型

4.1.2.2 表面模型

表面模型是在线框模型的基础上，增加有关面、边信息以及表面特征、棱边连接方向等内容逐步形成的。表面模型采用有向棱边围成的部分来定义形体表面，由面的集合来定义形体，具有很好的显示特性以消隐、小平面着色、平滑明暗、颜色和纹理等方式显示形体。表面模型不能切开形体而展示其内部结构；物体的实心部分在边界的哪一侧是不明确的，使设计者对物体缺乏整体的概念等等。图 4-3 为表面模型。

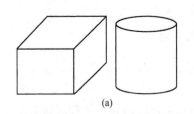

扫一扫
查看彩图

(a)　　　　　　　　　(b)

图 4-3　表面模型

(a) 模型消隐后的效果；(b) 模型着色后的效果

4.1.2.3 实体建模

工业建模软件系统采用实体建模（solid modeling）的方式来建模，而实体建模方法核心是边界表示（B-Rep）和构造表示（CSG）。B-Rep 为许多曲面（例如面片、三角形、样条）粘合起来形成封闭的空间区域，如图 4-4（a）所示。而 CSG 建模法，核心是将一个物体表示为一系列简单的基本物体（如立方体、圆柱体、圆锥体等）的布尔操作的结果，数据结构为树状结构，叶子为基本体素或变换矩阵，结点为运算，最上面的结点对应着被建模的物体，如图4-4（b）所示。

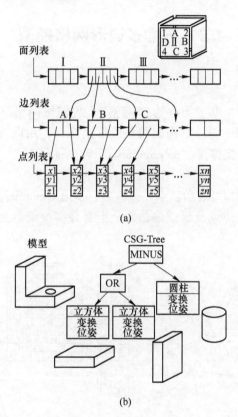

（a）

（b）

图4-4 边界表示（B-Rep）与构造表示（CSG）

目前三维建模软件大多融合了B-Rep和CSG两种方法。

4.1.2.4 三种模型的比较

三种模型特点比较见表4-1。

表4-1 三种模型特点比较

表示模型	优　点	局限性	应用范围
线框模型	结构简单、易于理解、运行速度快	无观察参数的变化； 不可能产生有实际意义的形体； 图形会有二义性	画二维线框图（工程图）、三维线框图
表面模型	完整定义形体表面，为其他场合提供表面数据	不能表示形体	艺术图形； 形体表面的显示； 数控加工
实体模型	定义了实际形体	只能产生正则形体； 抽象形体的层次较低	物性计算； 有限元分析； 用集合运算构造形体

实用的几何造型系统中，常常综合使用线框模型、表面模型和实体模型，以相互取长补短。

4.2 三维多边形网格模型

4.2.1 定义

三维多边形网格模型，以下简称为"网格"。我们给网格下一个简单定义：由点 V（vertex）、边（edge）、面（face）构成的多边形集合 M，用以表示三维模型表面轮廓的拓扑和空间结构。网格英文称作"polygon mesh"或"mesh"。

$$M = \langle V, E, F \rangle$$

用多边形网格数据结构可表示顶点、边、面、多边形和曲面，如图 4-5 所示。在许多应用程序中仅存储顶点、边以及面或多边形。但有许多渲染器还支持四边形和更多的多边形。

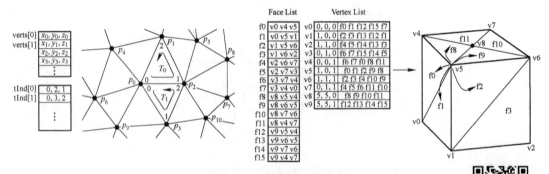

图 4-5　多边形网格的组成

顶点：一个位置坐标（通常在 3D 空间中）以及其他信息，例如颜色、法线向量和纹理坐标。

边：两个顶点之间的连接。

面：一组封闭的边，其中一个三角形面具有三个边，而一个四面体具有四个边。多边形是一个共面设置的面。在支持多面的系统中，多边形和面是等效的。但是，大多数渲染硬件仅支持 3 或 4 面，因此多边形表示为多个面。

除了多边形网格的 3 要素之外，为了方便处理，还对这些进行组合。包括：

表面（surface）。一组有语义的表面，所有的表面法线必须水平地指向远离中心。

组（group）。将若干网格构成组，对于确定骨骼动画的单独子对象等可以整体操作。

VR/AR 系统如果要对三维模型进行显示，以及对三维模型进行各种操作（变形、着色等），单纯的点和面的数据还不够，需要建立顶点和面之间的关联（经常也被称为拓扑结构）。

4.2.2 常用数据结构

面集合模型中，基于面的数据结构最为普遍。模型的表面离散为一系列三角形集合，

扫一扫
查看彩图

分别存储在集合 Triangles 中。对该集合进行范式分解，分为两个集合 Vertices 和 Triangles，Triangles 集合中存储了三个顶点索引号，通过该顶点索引号，可以方便获取存储在 Vertices 中的所有顶点值。一个六面体使用面-顶点数据结构，如图 4-6 所示。

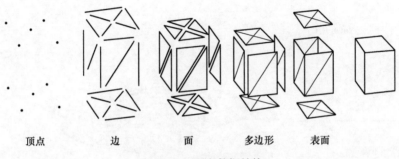

顶点　　　　边　　　　面　　　　多边形　　　表面

图 4-6　面-顶点数据结构

目前主流的中间格式数据，如 OBJ、OFF、STL 等多边形网格模型就是采用该数据结构。

4.3 三角形网格处理技术

针对三角形网格的处理和计算涉及很多数学知识和图形知识，本书重点关注 VR/AR 系统需要的常用图形学显示、简化和网格规则化等最基本计算方法。

4.3.1 法向量计算

法向量（normal vector）是空间解析几何的一个概念，垂直于平面的直线所表示的向量为该平面的法向量。由于空间内有无数个直线垂直于已知平面，因此一个平面都存在无数个法向量（包括两个单位法向量）。它可以定义为在某一点上与曲面相切的任意两个非平行向量的叉乘。法向量经常用于计算三维几何表面的纹理、光照等属性。对于三角形网格的一个面，其法向量是确定的，可以根据三个顶点来进行计算。

如图 4-7 所示，其中三个点的坐标 $p_1 = (1, 0, 0)$，$p_2 = (1, 1, 0)$，$p_3 = (1, 0, 1)$，可计算边 p_1p_2，p_3p_1 的矢量 v，w，由 v，w 的矢量容易计算三角形 $p_1p_2p_3$ 面矢量，朝向为右手法则，和 x 轴方向一致，指向面的外侧。

$$v = p_2 - p_1 = \begin{pmatrix} 0 \\ 1 \\ 0 \end{pmatrix} \quad w = p_3 - p_1 = \begin{pmatrix} 0 \\ 0 \\ 1 \end{pmatrix}$$

$$v \times w = \begin{pmatrix} v_2w_3 - v_3w_2 \\ v_3w_1 - v_1w_3 \\ v_1w_2 - v_2w_1 \end{pmatrix} = \begin{pmatrix} 1-0 \\ 0-0 \\ 0-0 \end{pmatrix} = \begin{pmatrix} 1 \\ 0 \\ 0 \end{pmatrix}$$

显然，如果点构成的顺序不一样，画法向量方向也不一样，如图 4-7 所示，法向量在光照等渲染时有很大影响。点法向量计算不唯一，最简单的方法是将围绕该点的所有面的法向量值求平均，如图4-8所示，三角形边或者面上任意点是通过插值的方式进行法向量计算。

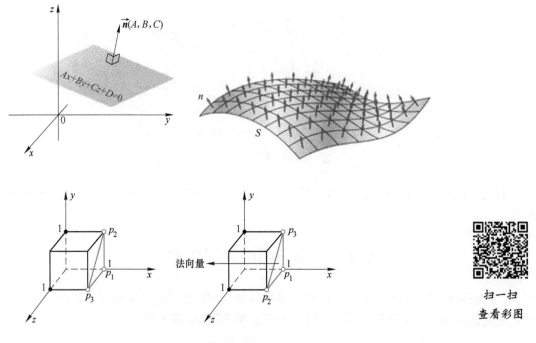

图 4-7　面法向量计算

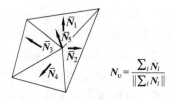

图 4-8　点法向量计算

4.3.2　网格细分

网格细分也称为上采样，是通过一定规则给网格增加顶点和面片的数量，让网格模型变得更加光滑，如图4-9所示。

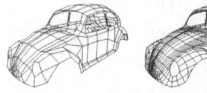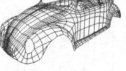

图 4-9　网格细分过程

最经典的是 Catmull-Clark 细分方法，主要思想是：每个面计算生成一个新的顶点，每条边计算生成一个新的顶点，同时每个原始顶点更新位置。

4.3.3　网格简化

网格简化也称为下采样。网格是不能随意简化的，往往需要保持形状完整性和拓扑结构，如图 4-10 所示，即使倒数第二个三角形网格只有 248 个，也基本还能辨别这是一头牛。

图 4-10　网格简化示意图

扫一扫
查看彩图

网格简化常常用于细节层次（Level of Detail，LOD）模型，所谓 LOD 模型方法，即为每个物体建立多个相似的模型，不同模型对物体的细节描述不同，对物体细节的描述越精确，模型也越复杂。LOD 通常是通过网格简化算法来完成。网格简化的目的是把一个用多边形网格表示的模型用一个近似的模型表示，近似模型既保持了原模型的可视特征，但顶点的数目小于原始网格的数目。通常的做法是把一些"不重要的"图元从多边形网格中删去。LOD 是在不影响画面视觉效果的前提条件下，用一组复杂程度（一般以多边形数或面数来衡量）各不相同的实体层次细节模型来描述同一个对象，并在图形绘制时依据视点远近或其他一些客观标准在这些细节模型中进行切换，自动选择相应的显示层次，从而能够实时地改变场景复杂度的一种技术。LOD 技术主要是针对模型结构优化，即对于经过单元分割后的模型进行简化多边形的处理过程。LOD 简化多边形的目的，不是为了从初始模型中移去粗糙的部分，而是为了保留重要的视觉特征来生成简化的模型，其理想的结果应是一个初始模型序列的简化，这样简化的模型才可以应用于不同的实时加速。生成层次 LOD 模型的方法主要有细分法、采样法和删减法，删减法应用较广泛。

网格简化有很多方法，包括顶点移除、边删除、重采样、网格近似等，如何移除、选择顶点和边有许多计算规则，比如二次误差度量等，其中最简单的顶点移除/边的删除如图 4-11 所示。

4.3.4　规则化

网格的规则化，对于 VR/AR 应用有很大影响，高质量的多边形网格，无论对于模型现实、逼真度、提升模型的操控能力都非常重要，如图 4-12 所示。衡量三角形网格质量主要有三个标准：偏度（skewness）、倾斜度、平滑度（尺寸变化）。

4.3.5　包围盒计算

三维网格模型可以使用一个最小矩形边界框/包围盒围住，将复杂物体封装在简单的

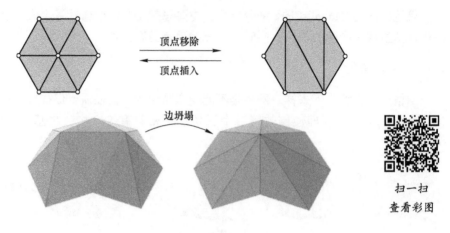

图 4-11 网格简化方法

图 4-12 网格规则化

包围体中，就可以提高几何运算的效率，经常用在 VR/AR 系统中的碰撞检测、视图操作等。包围盒算法有多种：球包围盒、AABB、OBB、K-DOP 和凸包围等。VR/AR 中最常见的是矩形包围盒，碰撞测试速度快。矩形包围盒也分为 AABB（轴对齐矩形包围盒）和 OBB（方向矩形包围盒），其中 AABB 包围盒内的点满足以下条件，如图 4-13 所示。

$$x_{\min} \leqslant x \leqslant x_{\max}, \ y_{\min} \leqslant y \leqslant y_{\max}, \ z_{\min} \leqslant z \leqslant z_{\max}$$

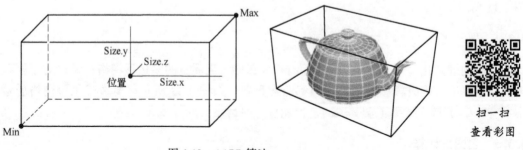

图 4-13 AABB 算法

4.3.6 布告牌（billboard）

VR/AR 中经常使用一种简单的多边形（一般为矩形，包括两个三角形），其随场景旋转而旋转，始终面对称，如图 4-14 所示。通常采用两个相互正交的矩形多边形，一般这个多边形上贴了一个带有透明通道的纹理图片。

扫一扫
查看彩图

图 4-14 布告牌

4.4 消 隐

4.4.1 投影变换的二义性

用计算机生成三维形体的真实图形，是计算机图形学研究的重要内容之一。在使用显示设备描绘三维图形时，必须把三维信息做某种投影变换，在二维显示表面上绘制出来。

由于投影变换失去了深度信息，往往导致图形的二义性（见图 4-15）。要消除二义性，必须在绘制时消隐实际不可见的线和面，即消隐。经过消隐的投影图称为物体的真实图形。

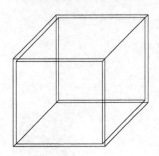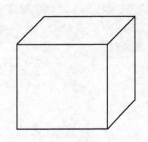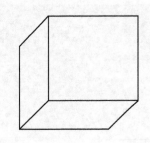

扫一扫
查看彩图

图 4-15 投影变换的二义性

4.4.2 背面剔除

顾名思义，背面剔除就是在渲染的时候，将背对着观察者的面片丢弃，只将正面朝向观察者（观察者能看到的）面片进行计算。例如：一个立方体盒子，不管从哪个角度看，最多只能看到 3 个面，有时甚至只能看到一个面，那么就可以将看不见的面剔除，这样最少可以节省 50%的 CPU 和 GPU 资源。

假设相机在物体外面，并且没有与物体穿插，所有不透明物体背面的一部分三角形都可以在进一步处理中剔除。如果已知投影三角形在屏幕空间中是顺时针方向的，则逆时针方向的三角形是背面的。这个测试可以通过计算二维屏幕空间中三角形的带符号的面积来实现，带负号的区域表示三角形应该被剔除，这可以在屏幕映射过程中实现。

另一种确定三角形是否面向背面的方法是创建一个从三角形所在平面上的任意点（最简单的方法是选择其中一个顶点）到观察者的位置的向量。对于正交投影，眼睛位置的向量被替换为负视图方向，这对于场景是恒定的，计算这个向量和三角形的法向量的点积，点积为负意味着两个向量之间的夹角大于 $\pi/2$ 弧度，所以三角形不是面向观察者的，这个测试等价于计算从观察者的位置到三角形平面的标记距离，如果符号是正的，三角形是正面的。背面剔除技术如图 4-16 所示。

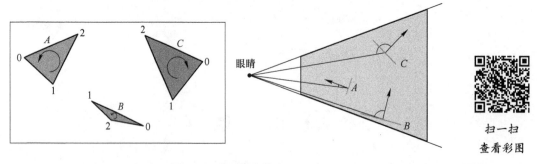

图 4-16　背面剔除技术

OpenGL 使用 glEnable（GL_CULL_FACE）开启背面剔除，OpenGL 还提供了一些控制背面剔除效果的函数——glCullFace（GL_Back），这样从正面看某个墙壁的模型是可以看到的，从背面看墙壁就看不到了。设置 OpenGL 函数参数，甚至正面也可以剔除掉，调用 glCullFace（GL_FRONT）就可以剔除正面，图 4-17 为正面剔除效果。

图 4-17　正面剔除效果

在 Unity 里默认的就是背面剔除，比如一个平面，添加了标准材质后它只有正面可以看到，背面则观察不到。以立方体为例，立方体的每个面都是有正面和背面的，而背面是观察不到的。

Unity 着色器内的 Cull 命令一共有三个：Cull Back（默认）、Cull Front、Cull Off。

Cull Front 是剔除正面，该命令可以看到背面，在透明效果中，比如一个立方体，如果希望看到立方体的正面和背面，就需要使用到这个命令，不是 Cull Off 命令，因为透明效果需要关闭深度检测，使用 Cull Off 会导致渲染顺序出错。

Cull Off 是关闭剔除，这个命令可以看到正面和背面，但也会带来比较大的花销。

4.4.3 消隐算法

其实对于一个物体而言，背面剔除用于剔除自身背面，会剔除掉几乎所有不需要渲染的面片，而不需要用到深度测试。对于场景中的多个物体，深度测试多用于物体之间，保证各个物体间正确的排列顺序，考虑到物体之间的相互关系，不渲染被遮挡的物体，实现被遮挡物体的消隐。

常用的消隐算法有画家算法和 Z 缓存算法。

（1）画家算法。模仿画家作画的顺序来绘制体现所画物体之间的相互遮挡关系。

1）先将场景中的物体按其距观察点的远近进行排序，结果放在一张线性表中（线性表构造：距观察点远的称优先级低，放在表头；距观察点近的称优先级高，放在表尾。该表称为深度优先级表）。

2）然后按照从表头到表尾的顺序逐个绘制物体。

（2）Z 缓存算法。是所有图像空间算法中最简单的一种隐藏面消除算法。帧缓冲区用来存储图像空间中每一个像素的属性（光强度），Z 缓冲区是用来存储图像空间中每一个可见像素相应的深度（或 Z 坐标），是一个独立的深度缓冲器。

算法主要是计算将要写入帧缓冲区像素的深度（或 Z 值），并与已存储在 Z 缓冲区中该像素的原来深度进行比较：若新像素点位于帧缓冲区中原像素点的前面，则将新像素的属性写入帧缓冲区，并将相应的深度（Z 值）也写入 Z 缓冲区；否则，帧缓冲器和 Z 缓冲区中的内容不变。本算法的实质是对给定的 x，y 寻找最大的 $z(x, y)$ 值。

OpenGL 中使用的消隐方法是 Z 缓存算法，在初始化阶段，必须先请求一个深度缓存。这样，一个典型的 glutInitDisplayMode（）的调用形式为：

glutInitDisplayMode（GLUT_RGB | GLUT_DOUBLE | GLUT_DEPTH）。

可通过如下方式启用深度缓存：

glEnable（GL_DEPTH_TEST）。

最后，当清空颜色缓存时，通常也将深度缓存清空：

glclear（GL_COLOR_BUFFER_BIT | GL_DEPTH_BUEFER_BIT）。

要实现消隐，必须启用深度缓存并对其进行清空。

4.5 案 例

4.5.1 使用光滑着色模式绘制三角形

使用光滑着色技术绘制的三角形，三个顶点分别为红色、绿色和蓝色，其他部分的颜色是在这三种颜色之间进行平滑插值得到。

4.5.1.1 在 RGBA 模式下指定颜色

函数：glColor3f (r, g, b)，glColor4f (r, g, b, a)；

说明：参数 r、g、b 分别指定当前颜色的红、绿、蓝值；a 指定当前颜色的 alpha 值。如函数 glColor3f (1.0, 0.0, 0.0) 是红色；glColor3f (1.0, 1.0, 1.0) 是白色。

4.5.1.2 使用 glShadeModel (mode) 函数

说明：参数 mode 指定一种着色模式，可取单一着色模式 GL_FLAT 和光滑着色模式 GL_SMOOTH。

单一着色模式使用图元中某个顶点的颜色来渲染整个图元。

```
#include <GL/glut.h>
#include <stdlib.h>
void init (void)
{
  glClearColor (0.0, 0.0, 0.0, 0.0);
  glShadeModel (GL_SMOOTH);
}
void triangle (void)
{
  glBegin (GL_TRIANGLES);
  glColor3f (1.0, 0.0, 0.0);
  glVertex2f (5.0, 5.0);
  glColor3f (0.0, 1.0, 0.0);
  glVertex2f (25.0, 5.0);
  glColor3f (0.0, 0.0, 1.0);
  glVertex2f (5.0, 25.0);
  glEnd ();
}
void display (void)
{
  glClear (GL_COLOR_BUFFER_BIT);
  triangle ();
  glFlush ();
}
void reshape (int w, int h)
{
  glViewport (0, 0, (GLsizei) w, (GLsizei) h);
  glMatrixMode (GL_PROJECTION);
  glLoadIdentity ();
  if (w <= h)
    gluOrtho2D (0.0, 30.0, 0.0, 30.0 * (GLfloat) h/(GLfloat) w);
  else
    gluOrtho2D (0.0, 30.0 * (GLfloat) w/(GLfloat) h, 0.0, 30.0);
  glMatrixMode (GL_MODELVIEW);
```

```
}
void keyboard (unsigned char key, int x, int y)
{
  switch (key) {
    case 27:
      exit (0);
      break;
  }
}
int main (int argc, char ** argv)
{
  glutInit (&argc, argv);
  glutInitDisplayMode (GLUT_SINGLE |GLUT_RGB);
  glutInitWindowSize (500, 500);
  glutInitWindowPosition (100, 100);
  glutCreateWindow (argv [0]);
  init ();
  glutDisplayFunc (display);
  glutReshapeFunc (reshape);
  glutKeyboardFunc (keyboard);
  glutMainLoop ();
  return 0;
}
```

图 4-18 为实验结果。

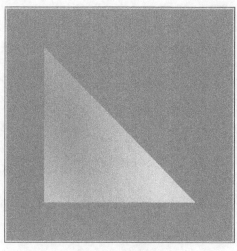

扫一扫
查看彩图

图 4-18　实验结果

4.5.2　深度缓存测试

将实体被遮掩的部分排除（不绘制、不显示）称为隐藏面消除。最简单的方法是采用深度缓存（z 缓存）。其步骤如下：

(1) 深度值的范围。在默认情况下，深度缓存中深度值（z 值）的范围在 $0.0 \sim 1.0$ 之间。

函数：glDepthRange（nearNormDepth，farNormalDepth）。

作用：将深度值的范围变为 nearNormDepth 到 farNormalDepth 之间。

(2) 深度比较方式。在默认情况下，待绘制点的 z 值小于深度缓存中对应位置的值，则绘制该点并更新深度缓存中对应位置的值为绘制点的 z 值，否则不绘制该点，且不更新深度缓存中对应位置的值。

函数：void glDepthFunc（Glenum func）。

作用：指定用于深度测试的比较函数。

参数 func 的值可以为 GL_NEVER（没有处理）、GL_ALWAYS（处理所有）、GL_LESS（小于）、GL_LEQUAL（小于等于）、GL_EQUAL（等于）、GL_GEQUAL（大于等于）、GL_GREATER（大于）或 GL_NOTEQUAL（不等于），其中默认值是 GL_LESS。

(3) 深度缓存初始化。首先设置深度缓存的初始值，调用函数：glClearDepth（1.0），表示初始的深度为无穷远；然后调用函数：glClear（GL_DEPTH_BUFFER_BIT），表示用深度初始值初始化深度缓存。

(4) 启用深度测试。在默认情况下，深度测试不启用。启用深度测试则调用：glEnable（GL_DEPTH_TEST）。

(5) 设置窗口中包含深度缓存。

在 glut 库中需要调用 glutInitDisplayMode（GLUT_DEPTH | …）。

```
#include <GL/glut.h>
#include <stdlib.h>
void display (void)
{
  glClearColor (0.0f, 0.0f, 0.0f, 0.0f);
glClear (GL_COLOR_BUFFER_BIT );
//glClearDepth (1.0);
//glClear (GL_COLOR_BUFFER_BIT |GL_DEPTH_BUFFER_BIT);
//绘制一个红色三角形，z轴位置为-1.0f
glColor3f (1.0, 0.0, 0.0);
glBegin (GL_POLYGON);
    glVertex3f (-0.5f, -0.3f, -1.0f);
    glVertex3f (0.5f, -0.3f, -1.0f);
    glVertex3f (0.0f, 0.4f, -1.0f);
glEnd ();
//绘制一个蓝色的倒立三角形，z轴位置为-2.0f
glColor3f (0.0, 0.0, 1.0);
glBegin (GL_POLYGON);
    glVertex3f (-0.5f, 0.3f, -2.0f);
    glVertex3f (0.0f, -0.4f, -2.0f);
    glVertex3f (0.5f, 0.3f, -2.0f);
glEnd ();
```

```
    glFlush ();
}
void reshape (int w, int h)
{
    glViewport (0, 0, (GLsizei) w, (GLsizei) h);
    glMatrixMode (GL_PROJECTION);
    glLoadIdentity ();
    glOrtho (-1.0, 1.0, -1.0, 1.0, 0.0, 10.0);
}
int main (int argc, char ** argv)
{
    glutInit (&argc, argv);
    glutInitDisplayMode (GLUT_SINGLE |GLUT_RGB | GLUT_DEPTH);
    glutInitWindowSize (400, 400);
    glutInitWindowPosition (100, 100);
    glutCreateWindow (argv [0]);
    //glEnable (GL_DEPTH_TEST) ; //启用深度测试
    glutDisplayFunc (display);
    glutReshapeFunc (reshape);
    glutMainLoop ();
    return 0;
}
```

图 4-19 为深度缓存测试结果。

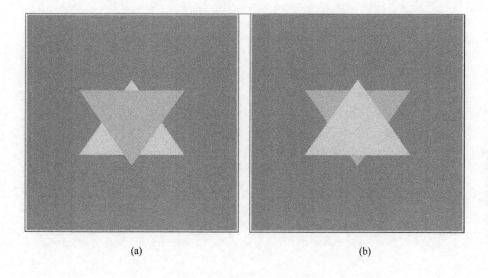

(a)　　　　　　　　　　　　　　　　(b)

扫一扫
查看彩图

图 4-19　深度缓存测试结果
(a) 不启用深度测试；(b) 启用深度测试

习　题

1. 什么是 LOD？
2. 简述几种常用的几何模型及各自的优缺点。
3. 背面剔除的方法有哪些，在 Unity 中用的是什么方法？
4. 简述 z 缓存消隐算法。

5 光照与纹理

VR/AR 系统的真实感首先是视觉上的真实感，产生这些视觉真实感是通过计算机图形学的图形渲染而得到的。计算机图形渲染方法，如图 5-1 所示。

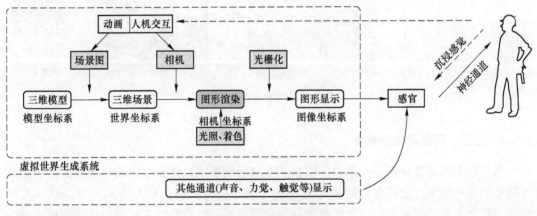

图 5-1　虚拟世界生成器

消隐解决物体深度的显示及确定物体之内的相互关系。在解决了消隐问题以后，要解决的是可见面上明暗光泽的处理。光照是绘制逼真三维物体的一个重要步骤。通过对场景中的光照和物体进行不同操作，可以产生不同的视觉效果；如果不对三维物体进行光照处理，则屏幕上三维物体的显示与二维图形没有差别。

光照还是决定物体显示颜色的一个重要方面。它决定了帧缓存中最终显示图像的各像素点颜色值。例如：当阳光普照时，海水看起来是亮蓝色的；当乌云密布时，水则是灰绿色的。

本章将从光照基本知识、光源创建、选择光照模型、定义材质属性、光照的数学计算以及颜色索引下的光照等几个方面阐述光照原理。

5.1　图形渲染流程概述

我们平常观察物理世界主要通过接受外界的反射光，光从眼睛传输到视神经，到视交叉处实现视野左右两边的信息在大脑皮层的交换，经视束的轴突终止于丘脑背侧的膝状体核（LGN），LGN 神经元轴突向初级视皮层形成投射，从而产生视觉感知。

计算机处理图形的过程是图形渲染流程，称为渲染流水线（rendering pipeline），顾名思义就是渲染的一整套流程，从三维空间虚拟场景，以摄像机的角度渲染当前帧的可见内容，然后光栅化到屏幕的一张图片（一帧）。在 VR/AR 运行过程中，这个过程一帧一帧地运行，系列图片像水一样流经管道，不断地刷新屏幕。图 5-2 为一个图形渲染管线。

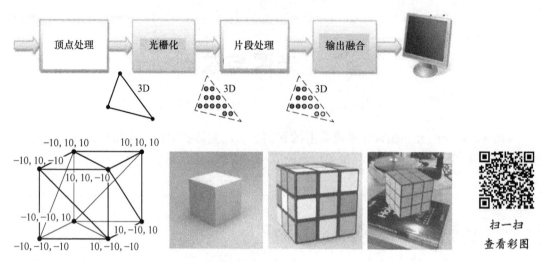

图 5-2　计算机处理图形流程

5.1.1　模型、视图与投影变换

　　当三维图形场景确定后，用户可根据图形显示的要求定义观察区域和观察方向，得到所期望的显示结果，这其实是需要定义视点（或照相机）的位置与方向，完成从观察者角度对整个世界坐标系内的对象进行重新定位和描述，简化后续三维图形在投影面成像为二维图形的推导和计算。

　　场景中常见的变换分为三种：模型变换、视图变换、投影变换（MVP），可以通过MVP 变换矩阵将任意位置的相机和所照向的场景（三维模型）转换到一个"规范、标准"的二维空间中，以便于后续的光栅化操作。

5.1.2　光栅化

　　光栅化（rasterization）是将几何图元变为栅格化的二维图像，然后显示在屏幕上的过程，如图 5-3 所示。屏幕是一个典型的光栅成像设备，屏幕上内容由二维像素数组决定。

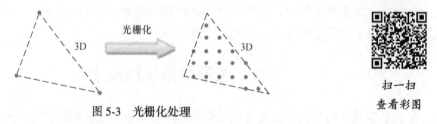

图 5-3　光栅化处理

　　三角形作为最基础的多边形，具有以下特性：任何其余的多边形都可拆分为一系列三角形；三角形一定在一个平面内；可以用叉积判断一个点在三角形内部还是外部；可以利用顶点进行准确的插值，实现颜色的渐变。

　　像素是图像中不可分割的最小单元，每个像素都有确定的位置和色彩数值。像素可表示不同颜色：灰度图中的像素值为 0～255，随着像素值的递增，像素从黑到白；彩色图中的像素通过 RGB 三个值来表示，这三个数分别表示红色、绿色和蓝色的强度等级。将三维物体呈现在二维显示器上的过程，可以分为顶点处理和光栅化两个阶段。

5.1.3　着色

图形渲染过程中着色（shading）主要是指对物体引入不同材质，计算光照对材质的作用效果，实现其明暗即色差的视觉效果的过程，图 5-4 所示为不同材质着色效果。材质是真实感图形生成中重要的一个方面。物体所呈现出的颜色在很大程度上取决于物体表面的材质。在现实世界中，材质本身有属于自己的颜色，材质的颜色是由它所反射的光的波长决定的。

扫一扫
查看彩图

图 5-4　不锈钢材质着色

物体表面的材质类型决定了反射光线的强弱。表面光滑较亮的材质将反射较多的入射光，而较暗的表面则吸收较多的入射光。如果光线被投射至一个不透明的物体表面，则部分光线被反射，部分光被吸收。同样对于一个半透明物体的表面，部分入射光会被反射，而另一部分则被折射。物体表面呈现的颜色仅由其反射光决定，着色对场景的逼真性至关重要。

5.2　光　源

在处理光照时采用这样一种近似的方式，把光照系统分为三部分：光源、材质和光照环境。它们之间的关系如图 5-5 所示。

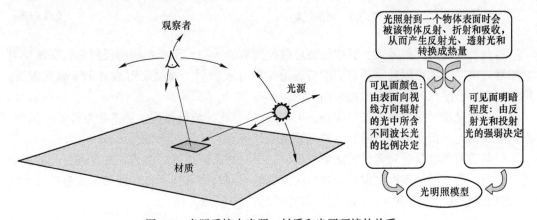

图 5-5　光照系统中光照、材质和光照环境的关系

5.2.1　光源属性

在图像渲染过程我们主要关注光源的三个属性：光源几何形状、颜色、空间分布。通过对不同光源属性的分析，能够对环境光照进行更准确的描述，见表 5-1。

表 5-1　光源描述

光源的几何形状	点光源、线光源、面光源和体光源
光源向四周所辐射光的光谱分布	光源的颜色由光中所含不同波长光的比例决定
空间光亮度分布	光源朝空间各个方向发射的光是否均匀

5.2.2　光与场景对象的交互

光与场景对象的交互主要包括反射、折射与透射，如图 5-6 所示。

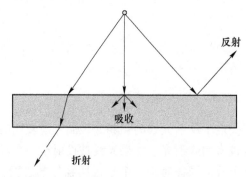

图 5-6　光的反射、折射与透射

当光能到达不同介质的边界时，有三种可能：透射、吸收和反射，图 5-7 为光的反射。

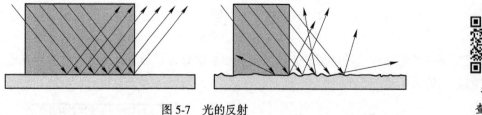

图 5-7　光的反射

扫一扫
查看彩图

有两种极端的反射模式，其中镜面反射是所有的入射光都有相同的反射角，而漫反射意味着光线以一种可以独立于它们的接近角度的方式散射。镜面反射通常用于抛光表面，例如镜面，而漫反射则用于粗糙表面。

可见光光谱对应的是波长在 400hm~700rm 的电磁波波峰范围，图 5-8 为可见光光谱，不同波长的光其折射率的不同影响着光线追踪计算。

一般的图形学仅针对光线的简单模型，如果获得高度逼真的场景，需要进行光的复杂传播分析，例如经过多次反射的光及存在折射的光同时进入视野，要涉及光线追踪及光线的能量衰减等研究。其中光线追踪的示意图如图 5-9 所示。

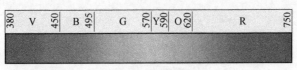

图 5-8 可见光光谱

扫一扫
查看彩图

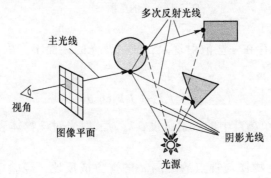

图 5-9 光线追踪

5.3 简单光照模型

当光照射在某一物体的表面时，它将被吸收、反射或透射（对透明物体）。反射光、透射光决定了物体所呈现的颜色。

从物体表面反射回来的光可分为漫反射和镜面反射，如图 5-10 所示。镜面反射是在光滑表面呈现出的高光效果。

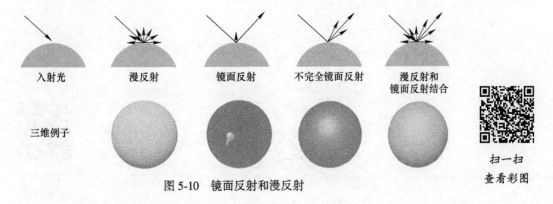

图 5-10 镜面反射和漫反射

一个漫反射光照模型为

$$I = I_1 k_d \cos\theta$$

式中，I 为反射光强度；I_1 为入射光强度；k_d 为物体表面的反射系数（$0 \leqslant k_d \leqslant 1$）；$\theta$ 为入射角。

光的反射如图 5-11 所示。

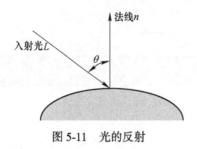

扫一扫
查看彩图

图 5-11   光的反射

在现实生活中，总存在一些散射现象，使得背光的一面不全黑，这样简单的光照模型为

$$I = I_a k_a + I_1 k_d \cos\theta$$

式中，I_a 为散射光在整个场景中的入射强度；k_a 为散射光对该物体表面的反射系数，$0 \leqslant k_a \leqslant 1$。

考虑到光强度还与物体与视点的距离 d 的平方成反比，经验上用 $1/(d + K)$ 代替 $1/d^2$，K 为一经验常数，则简单光照模型为

$$I = I_a k_a + (I_1 k_d \cos\theta)/(d + K)$$

以上是漫反射，光强度与人的观察方向无关。

在镜面反射中，光照模型为

$$I_s = I_1 w(\theta, \lambda) \cos^n \alpha$$

式中，$w(\theta, \lambda)$ 为反射率曲线，是入射角 θ 和光波长 λ 的函数（与材料有关）；α 为观察角；n 的取值与表面粗糙程度有关，n 越大，表面越平滑（散射现象少，稍一偏离，明暗亮度急剧下降），n 越小，表面越毛糙（散射现象严重）。

简单光照模型（见图 5-12）可归纳为

$$I = I_a k_a + I_1 (k_d \cos\theta + w(\theta, \lambda) \cos^n \alpha)/(d + K)$$

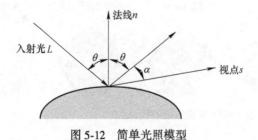

扫一扫
查看彩图

图 5-12   简单光照模型

用经验系数 k_s 代替 $w(\theta, \lambda)$，于是简单光照模型为

$$I = I_a k_a + I_1 (k_d \cos\theta + k_s \cos^n \alpha)/(d + K)$$

对于多光源情况，简单光照模型为

$$I = I_a k_a + \sum I_{1j} (k_d \cos\theta + k_s \cos^n \alpha_j)/(d + K)$$

简单光照模型还可表示为

$$I = I_a k_a + \sum I_{1j}[k_d(\boldsymbol{n} \cdot \boldsymbol{L}) + k_s(\boldsymbol{R} \cdot \boldsymbol{S})^n]/(d + K)$$

式中，$\boldsymbol{n}$、$\boldsymbol{L}$ 分别为表面法矢量和光源方向的单位矢量；$\boldsymbol{R}$、$\boldsymbol{S}$ 分别为反射光和观察方向的单位矢量。

常用 θ' 代替 θ，$\cos\theta' = N \cdot H_L$。

简单光照图如图 5-13 所示。

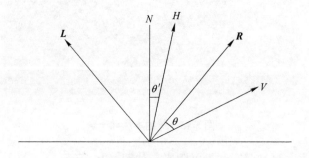

图 5-13 简单光照图

由此可见，光强度计算和模型表面法线方向相关。光照计算要求法向量为单位向量，即法向量的三个分量的平方和为 1。通常，在程序中实现法向量的规范化更为高效。在 OpenGL 中可以通过如下函数调用来启用自动向量规范化：glEnable（GL_NORMALIZE）。

5.4 阴 影

阴影是由于观察方向与光源方向不重合而造成的，假如观察方向与光源方向重合，则会出现图 5-14 所示的情况：看不见阴影。

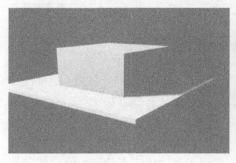 

扫一扫
查看彩图

图 5-14 阴影

阴影分为两部分：本影和半影，如图 5-15 所示。中央全黑且轮廓明显的是本影；本影周围半明半暗的是半影。

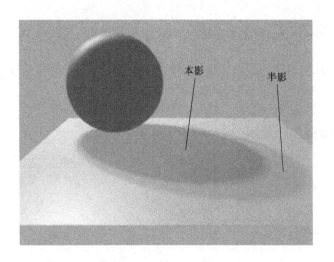

扫一扫
查看彩图

图 5-15　球的本影和半影

阴影也分为两类：自身阴影和投射阴影，如图 5-16 所示。

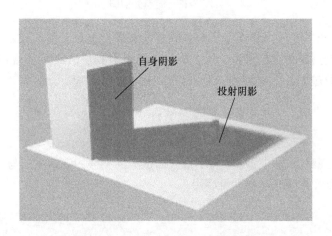

扫一扫
查看彩图

图 5-16　立方体的自身阴影和投射阴影

5.5　纹　理　算　法

在真实感图形学中用两种方法来定义纹理，其一是图像纹理，将二维纹理图案映射到三维物体表面，绘制物体表面上一点时，采用响应的纹理图案中相应点的颜色值；其二是函数纹理，用数学函数定义简单的二维纹理图案，如方格地毯；或用数学函数定义随机高度场，生成表面粗糙纹理，即几何纹理。

5.5.1　图像纹理

在计算机图形学中，物体表面的细节称为纹理。一般只考虑两种类型的纹理。一种是在光滑表面上绘制一定的花纹或图案，当花纹绘制后，表面仍然光滑如初，这一过程可用一映射函数来描述。另一种是使物体表面出现凹凸不平的感觉。这一过程则可用一个扰动函数来描述。图 5-17 是将图绘制到光滑的 1/4 圆柱体上之后的效果。

扫一扫
查看彩图

图 5-17　纹理映射

在光滑表面上绘制花纹其实是花纹映射在物体表面上的结果，所以，这一映射可以简单地用一个坐标系到另一个坐标系的变换来描述：

假设在纹理空间中的一个正交坐标系 (u, w) 中定义花纹和图案，而在对象空间或图像空间中的另一个正交坐标系 (θ, ϕ) 中定义物体的表面。

在表面上绘制花纹便需要在两个正交坐标系中定义一个映射函数。

即 $\qquad \theta = f(u, w), \qquad \phi = g(u, w)$

或 $\qquad u = r(\theta, \phi), \qquad w = s(\theta, \phi)$

一般考虑的映射函数为一个线性函数：

$$\theta = Au + B, \phi = Cw + D$$

式中，A、B、C、D 为常数，且可由两个坐标系中的已知点间的对应关系而求得。

例如，图 5-18（a）所示图案将映射到图 5-18（b）所示第一象限中的球面片上，图案由二维网格构成。球面参数方程为

$$x = \sin\theta\sin\phi \; (0 < \theta < \pi/2)$$

$$y = \cos\theta\sin\phi \, (\pi/4 < \phi < \pi/2)$$

$$z = \cos\phi$$

设网格图案的四角分别映射到球面四边形的四角上，即

$$u = 0, \; w = 0 \text{ 映射到 } \theta = 0, \; \phi = \pi/2$$

$$u = 1, \; w = 0 \text{ 映射到 } \theta = \pi/2, \; \phi = \pi/2$$

$$u=0, \ w=1 \text{ 映射到 } \theta=0, \ \phi=\pi/4$$
$$u=1, \ w=1 \text{ 映射到 } \theta=\pi/2, \ \phi=\pi/4$$

可得 $A=\pi/2$, $B=0$, $C=-\pi/4$, $D=\pi/2$

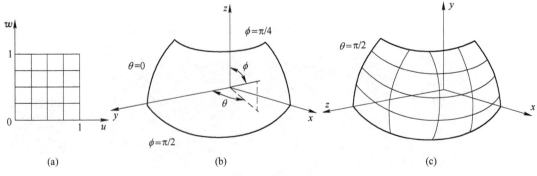

(a)   (b)   (c)

图 5-18　映射函数

对应的映射函数为：$\theta=u\pi/2$, $\phi=\pi/2-w\pi/4$；该映射函数将 uw 空间中的图案映射到 $\theta\phi$ 空间，再按球面参数方程把 $\theta\phi$ 空间中的图案变换到 xyz 坐标系中。

5.5.2　扰动纹理

上面描述的方法是在光滑表面上绘制花纹图案，结果表面仍然保持光滑。如果要表现表面的粗糙感，使表面呈现凹凸纹理，则应引入一个随机的法线方向，使反射光线法线具有一定的随机性。采用扰动表面法线方向的方法绘制表面凹凸花纹纹理，从而获得较真实的效果，如图 5-19 所示。

扫一扫
查看彩图

图 5-19　绘制表面凹凸花纹纹理效果

5.6　案　　例

5.6.1　绘制光照球体

通过本实验，掌握添加光源和设置颜色材料属性的方法，利用 OpenGL 编写绘制具有真实感效果的图形。

在场景中添加光照的步骤如下：

（1）为物体的每个顶点定义法线向量，这些法线决定了物体相对于光源的朝向。

（2）创建和选择一个或多个光源，并设置光源的位置。

（3）创建和选择光照模型，它定义了全局环境光的等级（level）和观察点的实际位置（用于光照计算）。

（4）设置场景中物体的材质属性。

```c
#include <GL/glut.h>
#include <stdlib.h>

void init (void)
{
    GLfloat mat_specular [] = { 1.0, 1.0, 1.0, 1.0 };
    GLfloat mat_shininess [] = { 50.0 };
    GLfloat light_position [] = { 1.0, 1.0, 1.0, 0.0 };
    glClearColor (0.0, 0.0, 0.0, 0.0);
    glShadeModel (GL_SMOOTH);

    glMaterialfv (GL_FRONT, GL_SPECULAR, mat_specular);
    glMaterialfv (GL_FRONT, GL_SHININESS, mat_shininess);
    glLightfv (GL_LIGHT0, GL_POSITION, light_position);

    glEnable (GL_LIGHTING);
    glEnable (GL_LIGHT0);
    glEnable (GL_DEPTH_TEST);
}


void display (void)
{
    glClear (GL_COLOR_BUFFER_BIT |GL_DEPTH_BUFFER_BIT);
    glutSolidSphere (1.0, 20, 16);
    glFlush ();
}


void reshape (int w, int h)
{
    glViewport (0, 0, (GLsizei) w, (GLsizei) h);
    glMatrixMode (GL_PROJECTION);
    glLoadIdentity ();
    if (w <= h)
        glOrtho (-1.5, 1.5, -1.5 * (GLfloat) h/ (GLfloat) w,
            1.5 * (GLfloat) h/ (GLfloat) w, -10.0, 10.0);
    else
```

```
        glOrtho (-1.5 * (GLfloat) w / (GLfloat) h,
            1.5 * (GLfloat) w / (GLfloat) h, -1.5, 1.5, -10.0, 10.0);
    glMatrixMode (GL_MODELVIEW);
    glLoadIdentity ();
}


void keyboard (unsigned char key, int x, int y)
{
    switch (key) {
        case 27:
            exit (0);
            break;
    }
}


int main (intargc, char * * argv)
{
    glutInit (&argc, argv);
    glutInitDisplayMode (GLUT_SINGLE | GLUT_RGB | GLUT_DEPTH);
    glutInitWindowSize (500, 500);
    glutInitWindowPosition (100, 100);
    glutCreateWindow (argv [0]);
    init ();
    glutDisplayFunc (display);
    glutReshapeFunc (reshape);
    glutKeyboardFunc (keyboard);
    glutMainLoop ();
    return 0;
}
```

图 5-20 为绘制光照球体运行结果。

扫一扫
查看彩图

图 5-20   绘制光照球体运行结果

5.6.2　移动光源

（1）创建光源的函数原型如下：

```
void glLight {if} (GLenum light, GLenum pname, TYPE param);
void glLight {if} v (GLenum light, GLenum pname, TYPE * param);
```

参数说明：

1）light，创建由参数 light 指定的光源，它可以是 GL_ LIGHT0, GL_ LIGHT1，…，GL_ LIGHT7。

2）pname，光源属性。

3）param，表示 pname 属性将要设置的值。

（2）定向和定位光源设置。

定向光源：光源位置离场景无穷远，位置的第四个分量设为 0，前三个分量表示光源的方向。

定位光源：光源位置离场景有限远，位置的第四个分量非 0，前三个分量表示光源的位置。

例：设置一个定向光源

```
GLfloat light_position [] = {1.0, 1.0, 1.0, 0.0};
glLightfv (GL_LIGHT0, GL_POSITION, light_position);
```

注意：调用 **glLight** * () 来指定光源的位置或方向时，将使用当前的模型视点矩阵对位置和方向变换，并将变换结果存储为视点坐标系下的坐标。

（3）设置全局环境光。设置参数：GL_ LIGHT_MODEL_ AMBIENT。

例如：

```
GLfloat lmodel_ambient[] = {0.2, 0.2, 0.2, 1.0};
glLightModelfv (GL_LIGHT_MODEL_AMBIENT, lmodel_ambient);
```

上述代码将产生少量的白色环境光。即使场景中没有其他任何光源，也可以看到场景中的物体。

（4）设置近视点和无穷远视点。视点在无穷远情况下，计算和渲染会很方便。视点在近视点时，光照的效果会更真实，但其计算性能会下降。

视点的默认值是设置在无穷远处，下面的代码是如何将视点设置为近视点的例子：

```
glLightModeli (GL_LIGHT_MODEL_LOCAL_VIEW, GL_TRUE);
```

该函数将视点置于视点坐标系中的 (0, 0, 0) 点。如果要将视点设置为无穷远，参数为 GL_ FALSE。

注意：该设置并不会移动视点，只是在计算光照时，做出了某种假设，以利于提高计算性能。

（5）启用光照。在不启用光照时：OpenGL 将使用当前颜色绘制顶点。在启用光照后：OpenGL 使用光照、材质等计算顶点颜色。

启用函数：

```
glEnable (GL_LIGHTING);
```

指定了光源参数后，还需要明确启用每个已定义的光源，如下列代码：

```
glEnable (GL_LIGHT0);
```

下面的代码实现了使用模型变换来移动光源，单击鼠标可以实现光源位置的移动。

```c
#include <GL/glut.h>
#include <stdlib.h>

static int spin = 0;
/*  Initialize material property, light source, lighting model,
 *   and depth buffer.
 */

void init (void)
{
    glClearColor (0.0, 0.0, 0.0, 0.0);
    glShadeModel (GL_SMOOTH);
    glEnable (GL_LIGHTING);
    glEnable (GL_LIGHT0);
    glEnable (GL_DEPTH_TEST);
}


/*  Here is where the light position is reset after the modeling
 *   transformation (glRotated) is called.This places the
 *   light at a new position in world coordinates.The cube
 *   represents the position of the light.
 */
void display (void)
{
    GLfloat position [] = { 0.0, 0.0, 1.5, 1.0 };

    glClear (GL_COLOR_BUFFER_BIT |GL_DEPTH_BUFFER_BIT);
    glPushMatrix ();
    gluLookAt (0.0, 0.0, 5.0, 0.0, 0.0, 0.0, 0.0, 1.0, 0.0);

    glPushMatrix ();
    glRotated ((GLdouble) spin, 1.0, 0.0, 0.0);
    glLightfv (GL_LIGHT0, GL_POSITION, position);

    glTranslated (0.0, 0.0, 1.5);
    glDisable (GL_LIGHTING);
    glColor3f (0.0, 1.0, 1.0);
    glutWireCube (0.1);
    glEnable (GL_LIGHTING);
    glPopMatrix ();

    glutSolidTorus (0.275, 0.85, 8, 15);
```

```
        glPopMatrix ();
        glFlush ();
}


void reshape (int w, int h)
{
        glViewport (0, 0, (GLsizei) w, (GLsizei) h);
        glMatrixMode (GL_PROJECTION);
        glLoadIdentity ();
        gluPerspective (40.0, (GLfloat) w/ (GLfloat) h, 1.0, 20.0);
        glMatrixMode (GL_MODELVIEW); glLoadIdentity ();
}


void mouse (int button, int state, int x, int y)
{
        switch (button) {
            case GLUT_LEFT_BUTTON:
                if (state = = GLUT_DOWN) {
                    spin = (spin + 30) % 360;
                    glutPostRedisplay ();
                }
                break;
            default:
                break;
        }
}


void keyboard (unsigned char key, int x, int y)
{
        switch (key) {
            case 27:
                exit (0);
                break;
        }
}


int main (int argc, char ** argv)
{
        glutInit (&argc, argv);
        glutInitDisplayMode (GLUT_SINGLE|GLUT_RGB |GLUT_DEPTH);
        glutInitWindowSize (500, 500);
        glutInitWindowPosition (100, 100);
        glutCreateWindow (argv [0]);
```

```
init ();
glutDisplayFunc (display);
glutReshapeFunc (reshape);
glutMouseFunc (mouse);
glutKeyboardFunc (keyboard);
glutMainLoop ();
return 0;
}
```

图 5-21 为绘制移动光源运行结果。

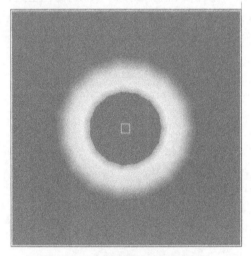

扫一扫
查看彩图

图 5-21　绘制移动光源运行结果

5.6.3　材质属性

函数：void glColorMaterial (GLenum face，GLenum mode)。

face 取值：GL_FRONT、GL_BACK、GL_FRONT_AND_BACK。

mode 取值：GL_AMBIENT、GL_DIFFUSE、GL_SPECULAR 和 GL_AMBIENT_AND_DIFFUSE。

功能：根据 glColor * () 指定的颜色修改当前材质反射率。还需要开启该功能：glEnable (GL_COLOR_MATERIAL)。

例如：

```
glEnable (GL_COLOR_MATERIAL);
glColorMaterial (GL_FRONT, GL_DIFFUSE);
/*修改散射光反射率*/
glColor3f (0.2, 0.5, 0.8);
/*绘制一些物体*/
glColorMaterial (GL_FRONT, GL_SPECULAR);
/*修改镜面光反射率*/
glColor3f (0.9, 0.0, 0.2);
```

```
/*绘制一些物体*/
glDiable (GL_COLOR_MATERIAL);
```

材质属性案例代码如下：

```
#include <GL/glut.h>
#include <stdlib.h>
GLfloat diffuseMaterial [4] = { 0.5, 0.5, 0.5, 1.0 };
void init (void)
{
    GLfloat mat_specular [] = { 1.0, 1.0, 1.0, 1.0 };
    GLfloat light_position [] = { 1.0, 1.0, 1.0, 0.0 };
    glClearColor (0.0, 0.0, 0.0, 0.0);
    glShadeModel (GL_SMOOTH);
    glEnable (GL_DEPTH_TEST);
    glMaterialfv (GL_FRONT, GL_DIFFUSE, diffuseMaterial);
    glMaterialfv (GL_FRONT, GL_SPECULAR, mat_specular);
    glMaterialf (GL_FRONT, GL_SHININESS, 25.0);
    glLightfv (GL_LIGHT0, GL_POSITION, light_position);
    glEnable (GL_LIGHTING);
    glEnable (GL_LIGHT0);
    glColorMaterial (GL_FRONT, GL_DIFFUSE);
    glEnable (GL_COLOR_MATERIAL);
}
void display (void)
{
    glClear (GL_COLOR_BUFFER_BIT | GL_DEPTH_BUFFER_BIT);
    glutSolidSphere (1.0, 20, 16);
    glFlush ();
}
void reshape (int w, int h)
{
    glViewport (0, 0, (GLsizei) w, (GLsizei) h);
    glMatrixMode (GL_PROJECTION);
    glLoadIdentity ();
    if (w <= h)
        glOrtho (-1.5, 1.5, -1.5 * (GLfloat) h/ (GLfloat) w,
            1.5 * (GLfloat) h/ (GLfloat) w, -10.0, 10.0);
    else
        glOrtho (-1.5 * (GLfloat) w/ (GLfloat) h,
            1.5 * (GLfloat) w/ (GLfloat) h, -1.5, 1.5, -10.0, 10.0);
    glMatrixMode (GL_MODELVIEW);
    glLoadIdentity ();
}
```

```
void mouse (int button, int state, int x, int y)
{
    switch (button) {
        case GLUT_LEFT_BUTTON:
            if (state = = GLUT_DOWN) {
                diffuseMaterial [0] += 0.1;
                if (diffuseMaterial [0] > 1.0)
                    diffuseMaterial [0] = 0.0;
                glColor4fv (diffuseMaterial);
                glutPostRedisplay ();
            }
            break;
    case GLUT_MIDDLE_BUTTON:
        if (state = = GLUT_DOWN) {
            diffuseMaterial [1] += 0.1;
            if (diffuseMaterial [1] > 1.0)
                diffuseMaterial [1] = 0.0;
                glColor4fv (diffuseMaterial);
                glutPostRedisplay ();
        }
        break;
    case GLUT_RIGHT_BUTTON:
        if (state = = GLUT_DOWN) {
            diffuseMaterial [2] += 0.1;
            if (diffuseMaterial [2] > 1.0)
                diffuseMaterial [2] = 0.0;
            glColor4fv (diffuseMaterial);
            glutPostRedisplay ();
        }
        break;
        default:
        break;
    }
}
int main (intargc, char ** argv)
{
    glutInit (&argc, argv);
    glutInitDisplayMode (GLUT_SINGLE|GLUT_RGB|GLUT_DEPTH);
    glutInitWindowSize (500, 500);
    glutInitWindowPosition (100, 100);
    glutCreateWindow (argv [0]);
    init ();
    glutDisplayFunc (display);
```

```
glutReshapeFunc (reshape);
glutMouseFunc (mouse);
glutMainLoop ();
return 0;
}
```

图 5-22 为不同材质属性运行成果展示。

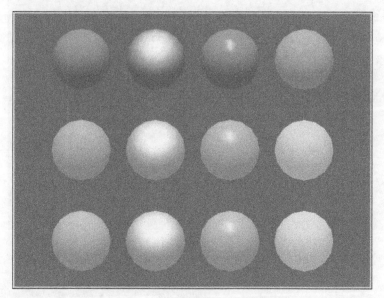

扫一扫
查看彩图

图 5-22　不同材质属性运行成果展示

5.6.4　Unity3D 光照系统

5.6.4.1　主要光照管理工具

A　Lighting 面板

Lighting 面板（见图 5-23）是设置 Unity 全局照明的主要工具，选择 Window→Lighting→ Settings 命令即可打开 Lighting 面板。顶部包含三个标签页，其中 Scene 标签页对整个场景的光照参数进行设置和优化，适用于整个场景，而不是单个游戏对象；在 Global Maps 标签页中可以查看光照系统在不同的光照模式下生成的贴图，如光照贴图、Shadowmask 贴图、直接光照贴图等；在 Object Maps 标签页中可以预览当前单个选中物体的全局光照贴图，包括 Shadowmask 贴图。

在默认情况下，Unity 将自动计算光照信息，场景内容每次改动都将启动工作流程，当场景改动比较频繁时，该工作方式会影响工作流畅度，取消勾选 Auto Generate 选项，待场景内容布置完毕后，可手动单击 Generate Lighting 按钮，Unity 将根据场景中所有光源组件的参数设置，对场景光照信息进行预计算。需要注意的是，在此之前需要先保存场景。

游戏对象的属性面板右上角单击箭头按钮，在下拉列表中选择 Lightmap Static，也可以在其 Mesh Renderer 组件中勾选 Lightmap Static 属性，如图 5-24 所示。

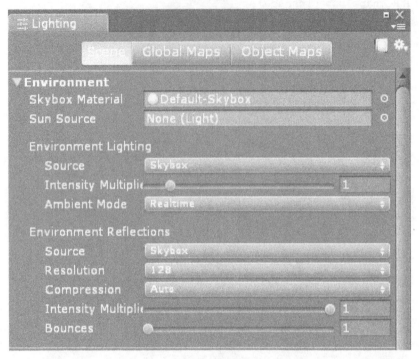

图 5-23　照明设置

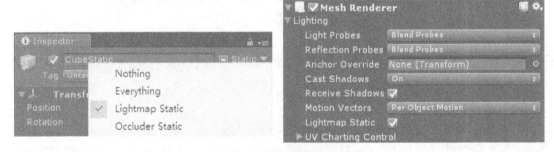

图 5-24　游戏对象属性设置

B　Light Explorer

在 Light Explorer 窗口中可以对场景中的所有灯光组件进行集中查看和管理，选择 Window→Lighting→Light Explorer 命令即可打开 Light Explorer 窗口。使用窗口顶部的标签控件可以对各组件进行分类查看，包括场景中的光源、反射探头、灯光探头、静态发光资源（如发光材质）等。在各标签页中，可以对各组件的常用参数进行设置，单击各列表选项，对象将在 Hierarchy 或 Project 面板中高亮显示。

5.6.4.2　全局照明（Global Illumination）

全局照明系统是一套综合计算直接光照和间接光照对场景影响的算法，在 Unity 中，可以使用烘焙光照贴图（Bake Lightmapper）和实时全局照明预计算两种技术来预计算全局照明。

烘焙全局照明技术针对静态光照环境和物体，将光照信息存储在一张贴图中；实时全局照明预计算不只计算，还针对光线可能的反射方向进行预先计算，例如昼夜循环的场景。Unity 对全局光照的预计算分为预计算实时全局光照和烘焙全局照明两种技术。默认情况下，Unity 中的灯光组件（如平行光、点光源等）都被设置为实时模式，场景中通常存在多个光源，并且这两种技术可以结合使用来创建逼真的场景照明。

全局光照预计算的产物，对于实时光照来说，是 lighting data，对于静态烘焙来说，是光照贴图。表 5-2 列出了 Unity 实时照明和两种全局照明预计算技术对于光照信息的呈现形式。

表 5-2　Unity 照明技术对光照信息的呈现形式

项　　目	仅实时照明	预计算实时全局照明	烘焙全局照明
灯光类型	实时（Realtime）	实时（Realtime）	烘焙（Baked）
光照贴图计算引擎	无	Enlighten	Enligten 或 Progressive
直接光照信息（动态物体）	实时计算	实时计算	无
直接光照信息（静态物体）	实时计算	实时计算	烘焙在光照贴图中
间接光照信息（动态物体）	无	无	无
间接光照信息（静态物体）	无	预计算	烘焙在光照贴图中

Unity 在场景视图中提供了多种可视化的全局照明绘制模式，方便从不同方面查看全局照明对场景的影响。图 5-25 为 Unity 全局照明绘制模式。

图 5-25　Unity 全局照明绘制模式

5.6.4.3 光照模式（Lighting Modes）

灯光组件是光照系统的核心，Unity 通过灯光组件的参数结合场景中的物体对光照信息进行计算，而组件的光照模式决定了光照信息的计算方式。灯光组件选择何种光照模式，在 Lighting 窗口中均有与其相对应的参数设置。

选择 Realtime 模式，则在程序运行期间，光照信息将在每一帧进行计算，同时，可通过脚本动态修改灯光组件的属性，如亮度、颜色等；选择 Mixed 模式，即该光源是混合光源，这种模式的光源兼具实时光源和场景中的动态和静态游戏对象；选择 Baked 模式，将不能影响场景中的静态物体，在这种情况下，若要使用动态物体，需要使用灯光探头（Light Probe）。

场景中可以同时存在以上三种模式的灯光组件。调节 Realtime Lighting 栏中的参数时，将计算光照模式为 Realtime 的灯光组件；调节 Mixed Lighting 栏中的参数时，将计算光照模式为 Mixed 的灯光组件；调节 Lightmapping Settings 栏中的参数，将计算光照模式为 Baked 的灯光组件。

5.6.4.4 光照探头（Light Probes）

无论使用烘焙光照贴图还是预计算实时全局照明，只有被标记为静态的物体可以被包含在预计算中，对于场景中需要移动的物体，例如游戏中的第三人称主角、NPC 等，均不会受间接光照的影响。

打开 Lighting_Demo 项目，在 main 场景中，游戏对象 CubeStatic 被标记为静态物体，CubeDynamic 为动态物体，平行光源模式为 Realtime，Indi-rect Multiplier 值为 1.5，单击 Lighting 窗口中的 Generate Lighting 按钮，构建光照信息。光照信息被构建完毕之后，左侧立方体能够很好地呈现光线通过地面反射的间接光照，而右侧立方体则缺少这些信息，如图 5-26 所示。

扫一扫
查看彩图

图 5-26 静态物体和动态物体受到光照影响对比

为了使动态物体也能够呈现真实的光照表现，需要使用 Light Probes 组件，即光照探头。Light Probes 用于捕捉给定空间中的光照信息，类似于光照贴图的作用，所不同的是，光照贴图存储光线照射在物体表面的光照信息，而 Light Probes 存储空间中的光照信息，影响进入到空间中的动态物体的光照表现。

在场景中添加 Light Probes，可选择 GameObject→Light→Light Probes Group 命令，或选择场景中的游戏对象，为其添加 Light Probes Group 组件。单击 Edit Light Probes 按钮，可进行光照探头的选择、添加、删除操作。

编辑 Light Probes，使其完全覆盖动态物体的移动范围，在 Lighting 窗口中单击 Generate Lighting 按钮，重新构建场景光照信息。此时动态物体能够很好地呈现其所在区域的间接光照信息。

5.6.5　时序 WebVR 光照材质设置

（1）打开 chrome 或 360 浏览器，在地址栏输入：http：//webvr. smartion. cn，出现如图 5-27 界面。

扫一扫
查看彩图

图 5-27　时序三维虚拟仿真平台登录页面

（2）输入登录用户名：student，密码：student。

（3）通过界面上的添加功能组添加光源，光源分为：平行光、环境光、点光源、半球光，如图 5-28 所示。

（4）添加光源后，在左侧树节点中选中光源，右侧会显示光源的基础属性，可修改光源的位置、颜色、强度、是否启用阴影，如图 5-29 所示。

图 5-28　项目主页面

扫一扫
查看彩图

图 5-29　属性配置

习　题

1. 简单光照模型计算公式是什么?
2. 纹理映射的种类和方法是什么?
3. 用 Unity3D 实现模型创建、光照设置。
4. 用时序 WebVR 搭建场景设置光照。

6 动画与交互

　　虚拟场景中模型可处在静止、运动状态，随时间的变化静止状态保持着相同的坐标，比如街道、建筑物等；而运动状态即变换不同的位置和方向，如车辆、车间虚拟人作业等。这些运动仿真可以通过多种方式来实现，场景中的运动状态可以提升系统沉浸性，因为获得沉浸性不仅仅需要在视觉上看起来逼真，同时还要和日常生活一致——各种生动、变化的场景。本节将介绍 VR/AR 中基于计算机动画实现物件运动、视角变化等技术。

　　VR/AR 系统之仿真与动画如图 6-1 所示。

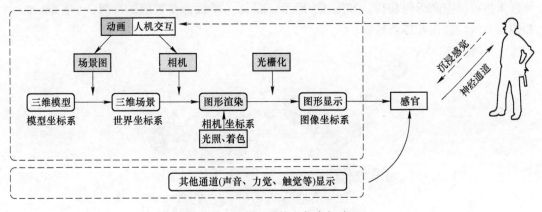

图 6-1　VR/AR 系统之仿真与动画

6.1　计算机动画概述

　　人眼在观察景物时，光信号传入大脑神经，需经过一段短暂的时间，光的作用结束后，视觉形象并不立即消失，这种残留的视觉称"后像"，视觉的这一现象则被称为"视觉暂留"。动画通过播放连续图像以使其在人大脑中显示为运动对象的过程，赋予了静态图像以生命。人类描述动画可以追溯到远古时代，在古代图像是手工绘制的，后来以胶卷形式展示以制作动画。今天使用计算机生成的动画是当今动画制作的常用方法。

6.2　基于关键帧的仿真动画

6.2.1　关键帧动画基本方法

　　VR/AR 中的动画大多采用的动画技术是关键帧动画（key frame animation）。关键帧插值技术是通过对包含关键帧之间的信息平均计算后，以一定的规则插入画面的。动画关键帧是由它在动画时间轴上的具体时刻以及与它相关的所有参数或属性确定的 。这些参数包括物体的空间位置、物体形状和物体的属性等。插值技术是表达和控制从一幅画面转化到另一幅画面所用时间，以及参数或属性变化量的简单而有效的方法，如图 6-2 所示。

Key 1   Tween 1   Key 2   Tween 2   Key 3   Tween 3   Key 4   Tween 4   Key 5   Tween 5   Key 6

图 6-2   关键帧（Key frames）与通过插值得到中间帧（Tweens）

扫一扫
查看彩图

关键帧的基本思想是仅记录重要的动作事件（events），中间帧通过计算机来进行插值和近似获得，如图 6-3 所示。将每一帧视为参数值的向量，插值分为线性插值和样条插值。

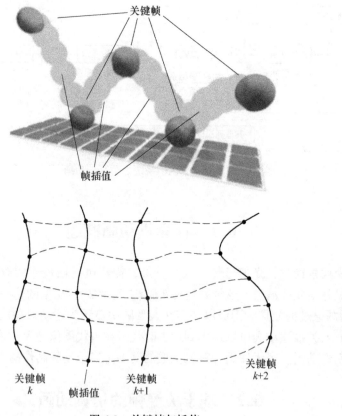

图 6-3   关键帧与插值

扫一扫
查看彩图

线性插值一般用于简单、要求不高的过渡，如图 6-4 所示。

$$
\begin{cases}
x = x_0 + \dfrac{t - t_0}{t_1 - t_0}(x_1 - x_0) \\[3mm]
y = y_0 + \dfrac{t - t_0}{t_1 - t_0}(y_1 - y_0)
\end{cases}
$$

对于线性插值，给定初始点 (x_0, y_0) 和关键帧 (x_1, y_1)，很容易根据上述公式进行计算中间帧 (x, y)。

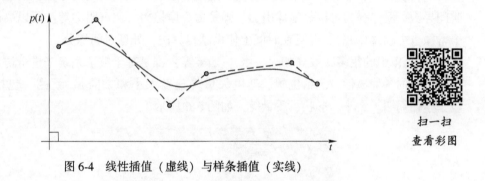

扫一扫
查看彩图

图6-4 线性插值（虚线）与样条插值（实线）

6.2.2 关键帧动画应用

在商用三维动画软件中，关键帧动画编辑器是重要的模块之一，图6-5是3ds max软件的关键帧动画编辑器，提供复杂的样条动画插值算法。

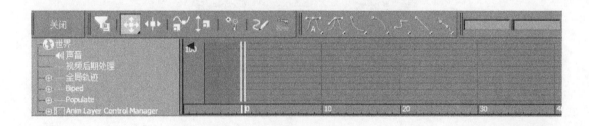

图6-5 3ds max 的动画关键帧编辑器

扫一扫
查看彩图

关键帧针对的事件，不仅可以针对物体的位置变化，也可改变执行动画的多种对象，比如方向、大小、颜色、光线强度或者观察对象相机的焦距等。另外关键帧还可以针对几何对象的细节程度、可见性、透明度、纹理映射方式、绘制参数和渲染方法等进行动画设置。

6.3 基于物理的仿真动画

所谓基于物理的仿真动画，就是让对象的运动、受力或者其他行为特征符合物理规律。利用物理规律计算出的仿真动画，逼真度高、可以仿真复杂的行为，比如水流、碰撞变形、受热等。基于物理的仿真主要有基于两种视角的研究，分别是拉格朗日视角和欧拉视角，具体深入介绍，读者可参考相关书籍。

6.3.1 粒子

对于一个点，其运动符合牛顿第二定律（$F = ma$），对物体在直线运动和曲线运动下进行运动规律建模。

刚体受力可表达为质量乘以加速度，此处加速度为速度的时间导数，而速度为位置的时间导数。刚体受力可以是地球引力、弹簧力、摩擦力、空气阻力等。可以离散化表达这个常微分方程（ODE），并且在时间上使用欧拉算法，处理时间积分。

VR/AR 中的很多特效（如火、水 、烟雾等）都是基于粒子系统来进行仿真的，需要设置粒子的各种属性，包括位置、速度矢量（速度大小和方向）、颜色（包括透明度）、粒子生命周期、大小、形状、质量等，如图6-6所示。

扫一扫
查看彩图

图 6-6 粒子系统的各种特效

6.3.2 刚体运动

刚体（rigid body）是力学中的一个科学抽象概念，在外力作用下处于平衡状态的物体，如果物体的变形不影响其平衡位置及作用力的大小和方向，则该物体可视为刚体。事实上任何物体受到外力，不可能不改变形状，实际物体都不是真正的刚体。若物体本身的变化不影响整个运动过程，为使被研究的问题简化，可将该物体当作刚体来处理而忽略物体的体积和形状，这样所得结果仍与实际情况相当符合。针对单个刚体的运动，其和单个粒子的运动仿真技术是一样的，但是由于刚体比粒子面积要大得多，因此计算刚体运动，要考虑到重力、阻力、弹簧力等，还要考虑到接触点的约束，两个物体不能相互穿透。

6.3.3 柔性体仿真

典型的柔性体材料就是衣料，表面一般被建模为粒子网格，粒子间采用质量弹簧系统，如图6-7所示。

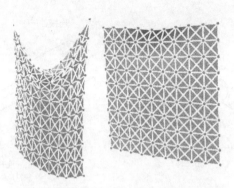

扫一扫
查看彩图

图 6-7　基于质量弹簧系统的柔性体仿真

6.4　基于运动学的机构仿真动画

刚体运动是整体做一些简单的运动，这种运动一般可以用一个微分方程来精确描述。然而在制造产品过程中的设备，比如机器人、机床等，是由多个部件组合在一起而完成复杂运动，那么就需要利用刚体运动学的方法来进行仿真。基于运动学的机构仿真一般分为正向运动学计算和逆运动学计算。

6.4.1　正向运动学

所谓正向运动学（forward kinematics）就是已知旋转与平移的各个量，求最终末端执行器的位姿的过程，如图 6-8 所示。

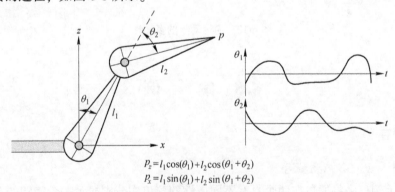

$$P_z = l_1\cos(\theta_1) + l_2\cos(\theta_1 + \theta_2)$$
$$P_x = l_1\sin(\theta_1) + l_2\sin(\theta_1 + \theta_2)$$

图 6-8　正向运动学

正向运动学优势是控制直接方便，运用参数可立刻得到响应。但是动画可能与物理学不一致，在实现动画的时候，很费时间。关节类型如图 6-9 所示。

6.4.2　逆运动学

在机器人学中，对于一个串联的关节型机器人，如果已知各个关节的角度去求机器人末端的位置和姿态，则这个过程为正运动学，反之，如果知道末端的位置和姿态去求各关节角度，这个过程就是逆运动学（inverse kinematics）。

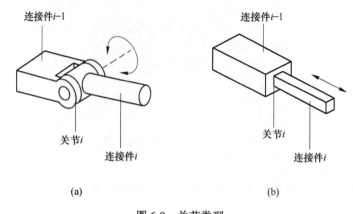

图 6-9 关节类型

（a）转动关节（rotation joint）；（b）移动关节（prismatic joint）

逆运动学可能不是唯一解，甚至可能无解，在逆运动学计算中往往需要找到最优或者可行解，如图 6-10 所示。可参考机器人学书籍，建立 D-H 方程，进行逆求解。

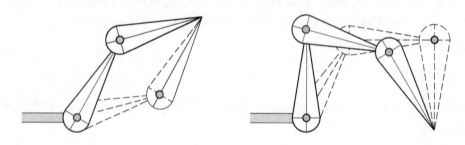

图 6-10 逆运动学的多义性

6.5 案 例

6.5.1 双缓存

6.5.1.1 Win32 应用程序

下面的示例程序将通过在两个具有不同属性的窗口中分别显示一个旋转的正方形来演示单缓存和双缓存。我们还可随意终止该正方形的旋转，先从主函数开始分析。

```
int singleb, doubleb; /* window ids */
int main (int argc.char * * argw)
{
    glutInit (&argc.argv);
    /"create a single buffered window */
    glutInitDisplaytode (GLUT_STNGLEIGLUT_RGB);
    singleb = glutCreatewindow ("singLe bufrered");
    myinit ();
```

```
    glutDisplayFunc (displays) ;
    glutReshapeFunc (myReshape);
    glutIdleFunc4 (spinDiaplay);
    glutMouseFunc (mouse);
    glutKeyboardFunc (mykey);
    /* creat a double buffered indow to right */
    glutIntiDisplaylode ( GLUT_DOUBLEIGLUT_RGB);
    glutIntiwindowPosition (310, 0);
    doubleb -glutCreatewindow ("double buffered");
    myinit;
    glutDisplayFuncldisplayd;
    glutReshapeFunc (myReshape); glutIdleFuncispinDisplay;
    glutMouseFunc (mouse) ;
    glutcreatMenu (quit_menu; glutAddMenuEntry ("quit", 1);
    glutAttachMenu (GLUT_RIGHT_EUTTON);
    /* enter event loop */
    glutMainLoop ();
}
```

注意：每个窗口都为自己定义了若干回调函数。虽然有一些回调函数为这两个窗口所共享，每个窗口的回调函数都可在后续阶段彼此独立地进行修改。该旋转正方形可按先前的那种方式定义，即用空闲回调函数 SpinDisplay0 使其不断旋转。

```
#define DEG_TO_RAD 0.017453
void display ()
{
    g1Clear (GL_COLOR_BUFFER_BIT);
    glBegin (GL_POLYGON);
    glvertex2f (sin (DEG_TO_RAD * theta),
        cos (DEG_TO_RAD * theta));
    glvertex2f (-sin (DEG_TO_RAD * theta),
        cos (DEG_TO_RAD * theta));
    glvertex2f (-sin (DEG_TO_RAD * theta),
        -cos (DEG_TO_RAD * theta));
    glvertex2f (sin (DEG_TO_RAD * theta),
        -cos (DEG_TO_RAD * theta));
    glEnd () ;
    glutSwapBuffers ();
}
void spinDisplay (void)
{
    /* increment angle */
    theta += 2.0
    if (theta > 360.0), theta -= 360.0;
```

```
/* draw single buffer window */
glutsetwindow (singleb);
glutPostwindowRedisplay (singleb);
/* draw double buffer window */
glutSetwindow (doubleb);
glutPostwindowRedisplay (doubleb);
}
```

这两个窗口使用了相同的鼠标回调函数。该函数允许用户将空闲回调函数设为 NULL（以后再恢复旋转）而同时终止两个窗口中的旋转。虽然这两个窗口使用了相同的回调函数，但是每个窗口都维护其自身的状态。所以，如果将一个窗口中的旋转终止，并未改变另一个窗口的状态。为了改变其他窗口的回调函数，必须首先在其他窗口内单击鼠标触发。

```
void mouse (int btn, int state, int x, int y)
{
    if (btn == GLUT_LEFT_BUTTON && state -=GLUT_DOWN)
    glutIdleFunc (SpinDisplay);
    if (btn == GLUT_MIDDLE_BUTTON && state == GLUT_DOWN)
    glutIdleFunc (NULL);
}
```

重绘回调函数对裁剪窗口进行了设置：

```
void myReshape (int w, int h)
{
    glViewport (0, 0, w, h);
    glMatrixMode (GL_PROJECTION);
    glLoadIdentity ();
    gluOrtho2D (-2.0, 2.0, -2.0, 2.0);
    glMatrixMode (GL_MODELVIEW) ;
    glLoadIdentity ();
}
void mykey (unsigned char key, int x, int y)
{
    if (key =='Q' | | key == 'q') exit (0);
}
void quit_menu (int id)
{
    if (id== 1) exit (0);
}
```

6.5.1.2 Win32 应用程序之交互操作

实现一个利用鼠标单击、拖动和键盘按键移动矩阵的程序

（1）File->New->Project 选择 Win32 应用程序输入名称 HelloOpenGL，如图 6-11 所示。

图 6-11　新建工程

（2）单击"OK"按钮后，在后续的对话框中选中 Empty project，然后单击 Finish 按钮，如图 6-12 所示。

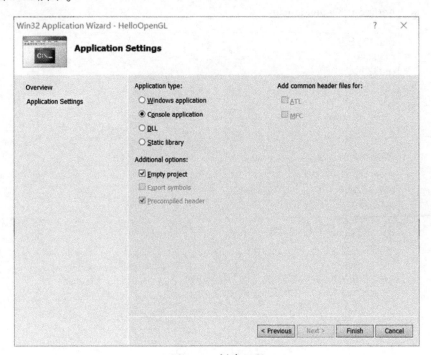

图 6-12　创建工程

（3）用鼠标右键单击项目名 property，再选择链接器 Linker 中的输入选项 Input，附加依赖项 Additional Dependencies：opengl32. lib glu32. lib，如图 6-13 所示。

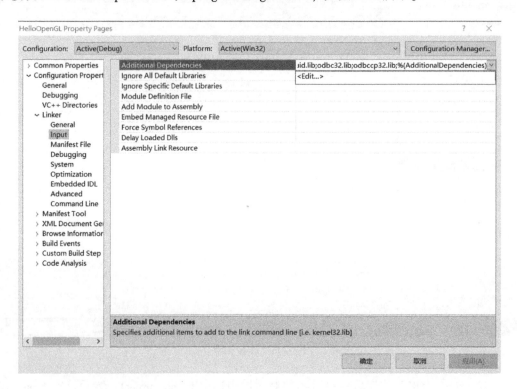

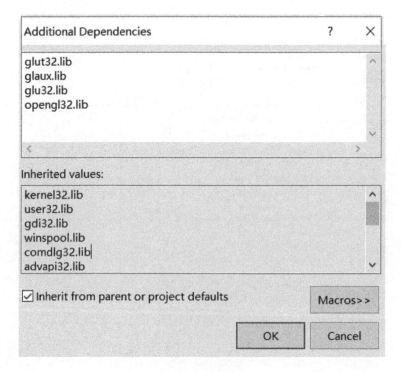

图 6-13 添加库

（4）用鼠标右键单击项目名下的源文件，选择添加 ADD。再选择新建项 New Item，在弹出的对话框中选择 C++File（.cpp），输入文件名 test，然后单击添加 ADD，即新建源文件，如图 6-14 所示。

图 6-14　新建源文件

（5）在源文件 test.cpp 中输入如下代码：

```cpp
#include <GL/glut.h>
  #include <stdlib.h>
  float x1 = -0.25, y1 = -0.25;
float width = 0.5, height = 0.5;
float xMin = -1, xMax =1;
float yMin = T, yMax = 1;
float widthWindows = 400, heightWindows =400;
float colorR = 0.5, colorG = 0.5, colorB = 0.5;
void display (void)
{
    glClearColor (0.0f, 0.0f, 0.0f, 0.0f);
    glClearDepth (1.0);
    glClear (GL_COLOR_BUFFER_BIT);
    //绘制一个矩形，z轴位置为-1.0f
    glColor3f (colorR, colorG, colorB);
```

```
    glRectf (x1, y1, x1+width, y1+height);
    glFlush ();
}
void reshape (int w, int h)
{
    glViewport (0, 0, (GLsizei) w, (GLsizei) h);
    glMatrixMode (GL_PROJECTION);
    glLoadIdentity ();
/*规定二维视景区域，参数分别为 left, right, bottom, top */
glOrtho (xMin, xMax, yMin, yMax, 0.0, 10.0);
}
void MyMouse (int button, int state, int x, int y)
{
    if (state == GLUT_DOW)
     {
        switch (button)
          {
            case GLUT_LEFT_BUTTON:
            colorR += 0.1;
            if (colorR > 1.0)
                colorR = 0.0;
            glutPostRedisplay ();
            break;
        case GLUT_MIDDLE_BUTTON:
            colorG += 0.1;
            if (colorG > 1.0)
                colorG = 0.0;
            glutPostRedisplay ();
            break;
        case GLUT_RIGHT_BUTTON:
            colorB += 0.1;
            if (colorB > 1.0)
                colorB = 0.0;
            glutPostRedisplay ();
             break;
          }
     }
}
void MyMotion (int x, int y)
{
    x1 = (float) x/widthWindows * (xMax - xMin) + xMin - width/2;
```

```
    yl = (float) (heightwindows - y) /heightwindows * (yMax-yMin) + yMin -
width /2;
    glutPostRedisplay ();
void MyKeyboard (unsigned char key, int x, int y)
{
    switch (key)
    {
        case 'W':
        case 'w': //矩形坐标变量修改使得矩形上移
            yl +=0.1;
            if (yl>= yMax - height)
                yl =yMax - height;
            glutPostRedisplay ();
            break;
        case 'S':
        case 's': //矩形坐标变量修改使得矩形下移
            yl-= 0.1;
            if (yl <=yMin)
                yl =yMin;
            glutPostRedisplay ();
            break;
        case 'A':
        case 'a': //矩形坐标变量修改使得矩形左移
            xl -= 0.1;
            if (xl <=xMin)
                xl =xMin;
            glutPostRedisplay ();
            break;
        case 'D':
        case 'd': //矩形坐标变量修改使得矩形右移
            xl+= 0.1;
            if (xl >=xMax - width)
                xl =xMax - width;
            glutPostRedisplay ();
            break;
    }
}
int main (int argc, char * * argv)
{
    glutInit (&argc, argv);
    glutlnitDisplayMode (GLUT_SINGLE);
```

```
glutlnitWindowSize (400,400);
glutlnitWindowPosition (100,100);
glutCreateWindow (argv [0]);
glutDisplayFunc (display);
glutReshapeFunc (reshape);
glutKeyboardFunc (MyKeyboard); glutMouseFunc (MyMouse);
glutMotionFunc (MyMotion);
glutMainLoop ();
return 0;
}
```

6.5.1.3 实现一个使用双缓存绘制的旋转正方形

(1) "File" → "New" → "Project",选择 Win32 应用程序,输入名称 HelloOpenGL,如图 6-15 所示。

图 6-15 新建工程

(2) 单击 "OK" 按钮后,在后续的对话框中选中 Empty project,然后单击 "Finish" 按钮,如图 6-16 所示。

(3) 用鼠标右键单击项目名 property,再选择链接器 Linker 中的输入选项 Input,附加依赖项 Additional Dependencies:opengl32. lib glu32. lib,如图 6-17 所示。

(4) 用鼠标右键单击项目名下的源文件,选择添加 ADD。再选择新建项 New Item,在弹出的对话框中选择 C++ File (. cpp),输入文件名 test,然后单击添加 ADD,即新建源文件,如图 6-18 所示。

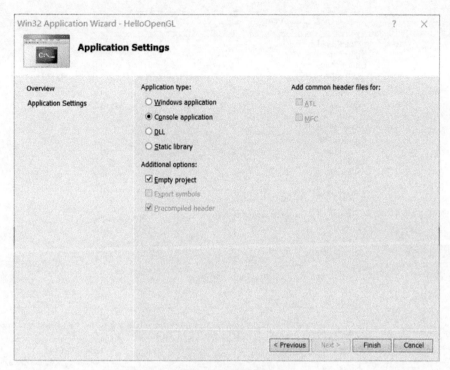

图 6-16 创建工程

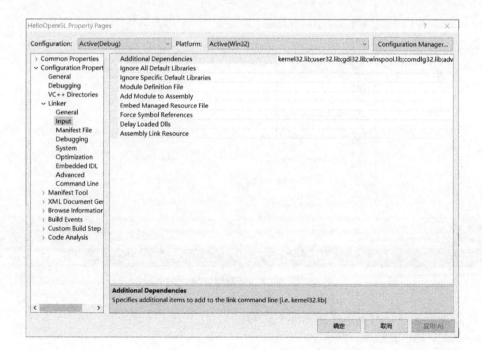

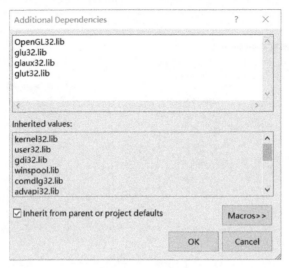

图 6-17　添加库

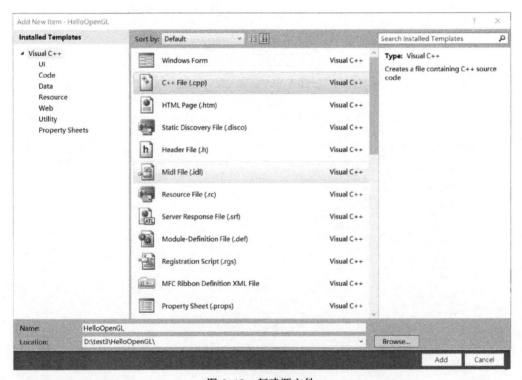

图 6-18　新建源文件

（5）在源文件 test，cpp 中输入如下代码：

```
#include <GL/glut.h>
#include <stdlib.h>

static GLfloat spin = 0.0;
```

```
void display (void)
{
    glClear (GL_COLOR_BUFFER_BIT);
    glPushMatrix ();
    glRotatef (spin, 0.0, 0.0, 1.0);
    glColor3f (1.0, 1.0, 1.0);
    glRectf (-25.0, -25.0, 25.0, 25.0);
    glPopMatrix () ;

    glutSwapBuffers ();
}
void spinDisplay (void)
{
    spin = spin + 2.0;
    if (spin > 360.0)
        spin = spin- 360.0;
    glutPostRedisplay ();
}
void init (void)
{
    glClearColor (0.0, 0.0, 0.0, 0.0);
    glShadeModel (GL_FLAT);
void reshape (int w, int h)
{
    glViewport (0, 0, (GLsizei) w, (GLsizei) h);
    glMatrixMode (GL_PROJECTION);
    glLoadIdentity ();
    glOrtho (-50.0, 50.0, -50.0, 50.0, -1.0, 1.0);
    glMatrixMode (GL_MODELVIEW);
    glLoadIdentity () ;

void mouse (int button, int state, int x, int y)
{
    switch (button) {
        case GLUT_LEFT_BUTTON:
            if (state = = GLUT_DOWN)
                glutIdleFunc (spinDisplay);
            break;
        case GLUT_MIDDLE_BUTTON:
        case GLUT_RIGHT_BUTTON:
            if (state = = GLUT_DOWN)
                glutIdleFunc (NULL);
            break;
```

```
        default:
            break;
    }
}
int main (int argc, char * * argv)
 {
    glutlnit (ftargc, argv);

glutlnitDisplayMode (GLUT_DOUBLE | GLUT_RGB); glutInitWindowSize (250, 250);
glutlnitWindowPosition (100, 100);
glutGreateWindow (argv [0] );
init ();
glutDisplayFunc (display);
glutReshapeFunc (reshape);
glutMouseFunc (mouse);
glutMainLoop ();
return 0;
}
```

6.5.1.4　实现一个反弹方块动画

（1）"File" → "New" → "Project"，选择 Win32 应用程序，输入名称 HelloOpenGL，如图 6-19 所示。

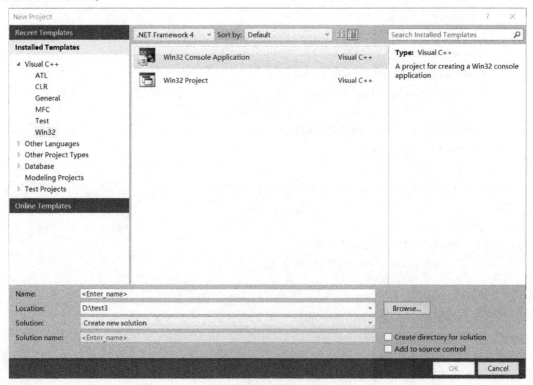

图 6-19　新建工程

（2）单击"OK"按钮后，在后续的对话框中选中 Empty project，然后单击"Finish"按钮，如图 6-20 所示。

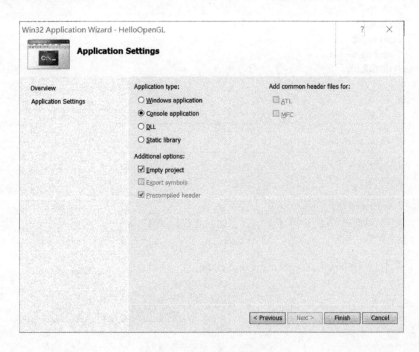

图 6-20　创建工程

（3）用鼠标右键单击项目名 property，再选择链接器 Linker 中的输入选项 Input，附加依赖项 Additional Dependencies：opengl32. lib glu32. lib，如图 6-21 所示。

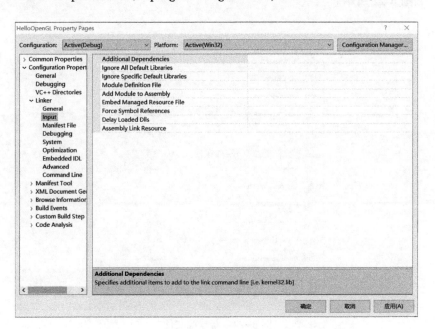

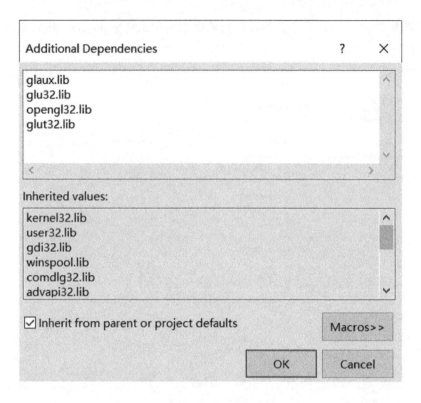

图 6-21　添加库

（4）用鼠标右键单击项目名下的源文件，选择添加 ADD。再选择新建项 New Item，在弹出的对话框中选择 C++ File（.cpp），输入文件名 test，然后单击添加 ADD，即新建源文件，如图 6-22 所示。

图 6-22　新建源文件

（5）在源文件 test，cpp 中输入如下代码：

```
#include <GL/glut.h>

//Initial square position and size
GLfloat x = 0.0f;
GLfloat y = 0.0f;
GLfloat rsize = 25;

//Step size in x and y directions
//(number of pixels to move each time)
GLfloat xstep = 1.0f;
GLfloat ystep = 1.0f;

//Keep track of windows changing width and height
GLfloat windowWidth;
GLfloat windowHeight;
//////////////////////////////////////////////////////
//Called to draw scene
void RenderScene (void)
{
    //Clear the window with current clearing color glClear (GL_COLOR_BUFFER_
BIT);

    //Set current drawing color to red
    //R G B
    glColor3f (1.0f, 0.0f, 0.0f);

    //Draw a filled rectangle with current color
    glRectf (x, y, x + rsize, y - rsize);

    //Flush drawing commands and swap
    glutSwapBuffers ();
}
//////////////////////////////////////////////////////
//Called by GLUT library when idle (window not being
//resized or moved)
void TimerFunction (int value)
{
    //Reverse direction when you reach left or right edge

    if (x >windowWidth-rsize || x < -windowWidth)
    xstep = -xstep;
```

```
    // Reverse direction when you reach top or bottom edge
    if (y >windowHeight || y < -windowHeight + rsize)
    ystep = -ystep;

    // Actually move the square
    x +=xstep;
    y += ystep;

    // Check bounds.This is in case the window is made
    // smaller while the rectangle is bouncing and the
    // rectangle suddenly finds itself outside the new
    // clipping volume
    if (x > (windowWidth-rsize + xstep))
    x =windowWidth-rsize-1;
    else if (x <- (windowWidth + xstep))
    x = -windowWidth T;
    if (y > (windowHeight + ystep))
    y =windowHeight-1;
    else if (y <- (windowHeight - rsize + ystep))
    y = -windowHeight + rsize - 1;


    // Redraw the scene with new coordinates
    glutPostRedisplay ();
    glutTimerFunc (33, TimerFunction, 1);
}
/////////////////////////////////////////////////////////
// Setup the rendering state
void SetupRC (void)
{
    // Set clear color to blue
    glClearColor (0.0f, 0.0f, 1.0f, 1.0f);
}


/////////////////////////////////////////////////////////
// Called by GLUT library when the window haschanaged size
void ChangeSize (int w, int h)
{
    GLfloat aspectRatio;
    // Prevent a divide by zero
    if (h == 0)
    h=1;
```

```
// Set Viewport to window dimensions
glViewport (0, 0, w, h);
// Reset coordinate system
glMatrixMode (GL_PRoJECTIoN);
glLoadIdentity ();
// Establish clipping volume (left, right, bottom, top, near, far)
aspectRatio = (GLfloat) w /(GLfloat) h;
if (w <= h)
    {
    windowWidth = 100;
    windowHeight = 100 /aspectRatio;
    glOrtho (-100.0, 100.0, -windowHeight, windowHeight, 1.0, -1.0);
    }
else
    {
    windowWidth = 100 * aspectRatio;
    windowHeight = 100;
    glOrtho (-windowWidth, windowWidth, -100.0, 100.0, 1.0, -1.0);
    }
glMatrixMode (GL_MODELVIEW);
glLoadIdentity ();
}


//////////////////////////////////////////////////////
// Main program entry point
int main (int argc, char * argv [])
{
    glutlnit (&argc, argv);
    glutlnitDisplayMode (GLUT_DOUBLE | GLUT_RGB);
    glutlnitWindowSize (800, 600);
    glutCreateWindow ("Bounce");
    glutDisplayFunc (RenderScene);
    glutReshapeFunc (ChangeSize); glutTimerFunc (33, TimerFunction, 1);

    SetupRC ();

    glutMainLoop ();

    return 0;
}
```

6.5.2　Unity3D 粒子系统

在 Unity 3.5 以后的版本中，Shuriken 粒子系统采用模块化管理。个性化的粒子模块配合曲线编辑器，使用户在游戏中更容易创作出各种缤纷复杂的粒子效果。

6.5.2.1 粒子系统创建

启动 Unity 后，创建一个粒子系统有以下两种方式。

依次选择菜单栏中的 GameObject→Particle System 命令，即可在场景中新建一个名为 Particle System 的粒子系统对象。或选择菜单栏中的 GameObejct→Create Empty 命令，创建一个空物体，然后选择菜单栏中的 Component→Effects→Particle System 命令，为空物体添加粒子系统组件，如图 6-23 所示。

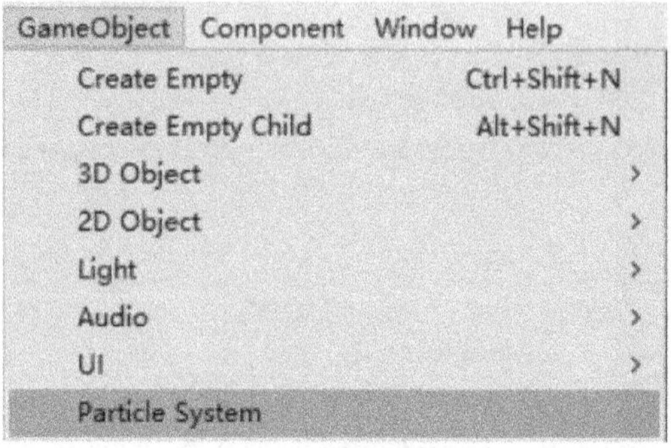

图 6-23 新建粒子

粒子系统的初始化模块为固有模块，无法将其删除或禁用。该模块定义了粒子初始化时的持续时间、循环方式、发射速度、大小等一系列基本参数。

6.5.2.2 Emission（发射）模块

发射模块控制粒子发射的速率，可实现在某个特定的时间生成大量粒子的效果。比如在模拟爆炸、烟雾等效果时极其有用，发射模块的参数列表如图 6-24 所示。

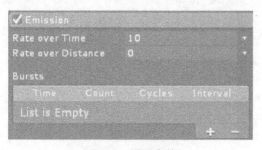

图 6-24 设置参数

Rate：发射速率，每秒或每个距离单位所发射的粒子个数。单击 Rate 右侧上面的三角按钮可以选择发射数量由一个常量、曲级、常量范围以及由线范围控制，下面的倒三角按钮，可以选择粒子发射率是按时间还是按距离变化。

Bursts：粒子爆发，在粒子持续时间内的指定时刻额外增加大量的粒子。此选项只在粒子速率变化方式为按时间变化时才会出现。单击按钮调节爆发时的粒子数量。

6.5.2.3 Shape（形状）模块

形状模块定义了粒子发射的形状，可提供沿着形状表面法线或随机方向的初始力，并控制粒子的发射位置及方向，形状模块的参数意义如下：

Shape，设置粒子发射器的形状，不同形状的发射器发射粒子初始速度的方向不同，每种发射器下面对应的参数也有相应的变化。单击 Shape 右侧的倒三角按钮可以弹出发射器形状的选项列表。

Sphere，球体发射器，效果及参数列表如图 6-25 所示。

图 6-25　粒子发生器

6.5.2.4　Velocity over Lifetime（生命周期速度）模块

生命周期速度模块控制着生命周期内每一个粒子的速度。

6.5.2.5　Limit Velocity over Lifetime（生命周期速度限制）模块

生命周期速度限制模块控制着粒子在生命周期内的速度限制及速度衰减，可以模拟类似拖动的效果，其中，SeparateAxes 用来设置是否限制轴的速度。

6.5.2.6　Force over Lifetime（生命周期作用力）模块

生命周期作用力模块控制每一个粒子在生命周期内受到力的情况。其中，Randomize 只有当 Start Lifetime 为 Random Between Two Constants 或 Random Between Two Curves 时才可启用。

6.5.2.7　Color over Lifetime（生命周期颜色）模块

生命周期颜色模块控制每一个粒子在生命周期内颜色的变化。

6.5.2.8　Color by Speed（颜色速度控制）模块

该控制模块根据设置速度的范围和粒子的速度来改变粒子的颜色。

6.5.2.9　Size over Lifetime（生命周期粒子大小）模块

生命周期粒子大小模块控制每个粒子在生命周期内大小的变化。

6.5.2.10　Size by Speed（粒子大小的速度控制）模块

粒子大小的速度控制模块根据速度的变化改变粒子的大小。

6.5.2.11 Rotation over Lifetime（生命周期旋转速度控制）模块

生命周期旋转速度控制模块控制每一个粒子在生命周期内的旋转速度变化。

6.5.2.12 Rotation by Speed（旋转速度控制）模块

旋转速度控制模块可让每个粒子的旋转速度依照其自身的速度变化而变化。

6.5.2.13 External Forces（外部作用力）模块

外部作用力模块可以控制粒子的倍增系数。

6.5.2.14 Collision（碰撞）模块

碰撞模块可为粒子系统建立碰撞效果，目前只支持平面类型碰撞。

6.5.2.15 Triggers（触发）模块

新版粒子系统增加了触发模块，该模块表示当粒子系统触发一个回调时，场景中的几个或多个碰撞交流的能力。当粒子进入或退出 Colliders，或粒子在 Colliders 内部或外部时，回调可以触发。

6.5.2.16 Sub Emitters（子发射器）模块

子发射器模块可使粒子在出生、碰撞、消亡这三个时刻生成其他的粒子。

6.5.2.17 Texture Sheet Animation（序列帧动画纹理）模块

序列帧动画纹理模块可使粒子在其生命周期内的 UV 坐标产生变化，生成粒子的 UV 动画。

6.5.2.18 Renderer（粒子渲染器）模块

粒子渲染器模块显示了与粒子系统渲染相关的属性，只有勾选了此选项，粒子系统才能在场景中被渲染出来。

6.5.3　时序 WebVR 动画编辑

（1）用鼠标右键单击项目，选择提示面板中的添加步骤创建动画步骤，如图 6-26 所示。

扫一扫
查看彩图

图 6-26　动画编辑

（2）填写动画的名称，简介（名称必须填，简介选填），如图 6-27 所示。

图 6-27　创建动画

（3）用鼠标右键单击新创的模拟动画步骤，选择提示面板的编辑动画，进入动画编辑界面，如图 6-28 所示。

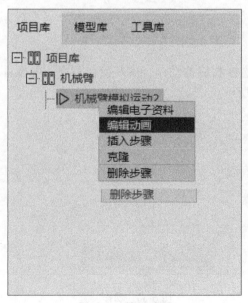

图 6-28　编辑动画

（4）进入动画编辑界面，左侧上下分为两个区域，上方区域为模型树，下方区域为操作列表，如图 6-29 所示。

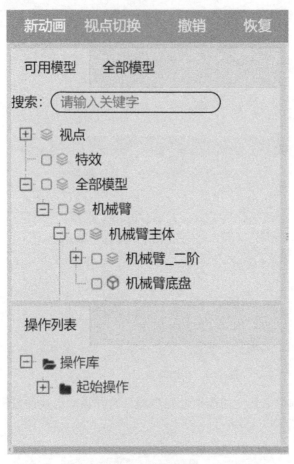

图 6-29　编辑界面

（5）制作动画前先选择相应的动作，展开操作列表下的操作，会出现默认动作，单击默认动作，如图 6-30 所示。

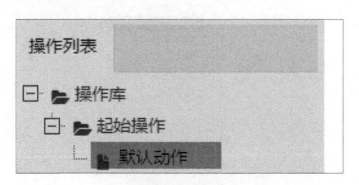

图 6-30　动作设置

（6）选中动作后，选择需要制作动画的模型，可通过单击左侧的模型树，也可以通过直接单击场景中的可选模型选中目标，如图 6-31 所示。

图 6-31　动画设置

（7）对选中模型设置动画，主要分为平移和旋转。查看右侧的运动方式，默认是平移模式，直接拖曳至目标位置，并设置运动时长，填写在右侧的关键帧设置中，最后单击保存帧，平移动画制作结束。操作如图 6-31 所示。

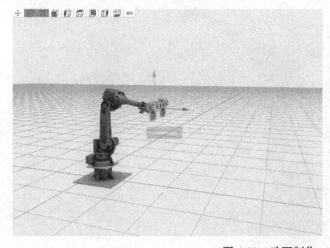

图 6-32　动画制作

（8）制作模型旋转动画，运动模式选择绕轴旋转，如图 6-33 所示。

图 6-33　参数设置

（9）单击绕轴旋转参数的显示轴按钮，会出现轴模型，选中模型会以轴模型的位置及方向确定旋转点和旋转姿态，轴模型的旋转姿态可通过输入轴旋转参数的 XYZ 进行修改，如图 6-34 所示。

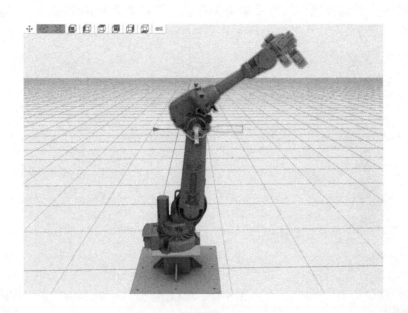

图 6-34　旋转轴设置

（10）在公转角中输入旋转角度，或先鼠标聚焦到公转角，操控键盘的上下按键控制角度的递增和递减，如图 6-35 所示。

扫一扫
查看彩图

图 6-35　参数设置

扫一扫
查看彩图

（11）调整到预想位置后，输入关键帧时间，单击保存帧，如图 6-36 所示。

（12）动画制作过程中，可预览当前已制作的动画，单击三维可视窗口下的播放按钮即可，如图 6-37 所示。

图 6-36　关键帧设置

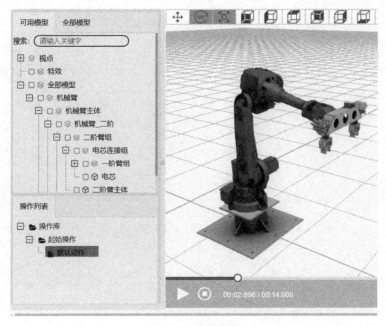

图 6-37　动画预览

扫一扫
查看彩图

习　题

1. 使用 Unity 编程实现一个立方体旋转 360°的关键帧动画。

2. 使用 Unity 编程实现一个立方体围绕一条曲线运动的动画，要求随着运动，立方体的颜色、大小和位置发生变化。

3. 在时序 WebVR 平台编程实现一个 6 自由度机器人正向运动学的动画和逆运动学的动画。

7 VR/AR 技术发展趋势与展望

当前，新一代硬件技术、人工智能和通信技术正在快速发展，只有在这些新技术的加持下，各行业智能化的特征才能真正显现，VR/AR 的应用前景值得期待。

7.1 数字孪生与 VR/AR

数字孪生（digital twin）或称数字双胞胎，可以直观地认为是物理世界中虚拟的镜像对象。虚拟孪生体可以配对物理世界中的一个设备、产品、生产线等现实存在的实体对象，也可以映射物理世界中的作业序列、流程、组织结构等隐式对象。数字孪生的概念由来已久，是数字、仿真、通信等技术发展到今天的产物。实现数字孪生的最佳手段就是采用基于 VR 和 AR 技术的沉浸式、自然交互系统，结合高清晰的数字分析和仿真模型，充分实现虚实融合。

7.1.1 数字孪生概述

美国密歇根大学的 Michael Grieves 教授于 2002 年在产品全生命周期管理课程上提出物理产品的虚拟、数字化等价对象的 digital twin 概念。数字孪生概念模型主要包括 3 个部分：真实空间中的物理实体、虚拟空间中的虚拟模型、连接虚实空间的数据和信息。

全球最具权威的 IT 研究与顾问咨询公司 Gartner 连续几年将数字孪生列为当年十大战略科技发展趋势之一，2020 年其预测数字孪生正在成为主流应用，实施物联网的企业机构中有 75% 已经使用数字孪生或者计划在 1 年内使用该技术。各企业机构一开始只是简单地实施数字孪生，但随着时间的推移对其加以演化，提高其收集与可视化正确数据的能力；应用正确的分析与规则，有效响应企业业务目标。

数字孪生的应用场景层出不穷，但目前实用的典型场景主要有两大类：一是往左走——产品数字化设计，主要体现为产品生命周期管理解决方案；二是往右走——产品使用过程的数字化，主要服务模式是基于状态的维护。

7.1.1.1 通用"Predix 及数字化电厂"

通用电气认为以资产为中心的公司正在寻求一种变被动为主动的数字化方法来优化其业务并实现转型，传感器功能、价格合理的数据存储和计算分析以及无处不在的网络连接为连接资产并收集数据创造了机会，在分析、模型和机器学习方面的进展为获得更好的见解创造了更多可能性。然而，许多工业公司低估了连接物理和数字世界，以及在没有平台、方法或途径的情况下运营的复杂性。因此需要有一种构建应用程序的新方法来优化对物理资产的了解。数字孪生在物理世界和数字世界之间搭建起一座桥梁，可以随着时间的推移了解每一个独特的资产。它们将来自传感器和设备的数据与分析、模型和材料科学相结合，进而不断改进工业部件和资产，甚至整个流程和工厂的数字模型。随着平台上运行的数字孪生越来越多，工业学习系统将数据反馈到个别的数字孪生，提高了保真度。图 7-1 为 GE DIGITAL TWIN。

图 7-1　GE DIGITAL TWIN

扫一扫
查看彩图

　　Predix 是通用公司研发的针对数字孪生进行优化的工业互联网平台和学习系统，为领域专家和开发人员提供了一套成熟的数据和建模技术构建并运行数字孪生，创建基于创新成果的工业应用程序。Predix 平台上的数字孪生为获取资产和系统信息提供了一种新方法，为机器和运营提供了一个丰富且不断发展的画面，能够收集从部件到功能再到整个流程和工厂的所有信息。它们收集单个资产的整个生命周期以及所有资产类别的信息，并获取对过去和现在的性能以及未来信息的见解。另外，数字孪生是进行仿真的理想软件对象，可以进行场景测试和未来优化。通用公司的目标是为每个引擎、每个涡轮、每台核磁共振等设备都创造数字孪生体，通过这些拟真的数字化模型，在虚拟空间调试、实验，以让机器的运行效果达到最佳。图 7-2 为 Predix 平台架构图。

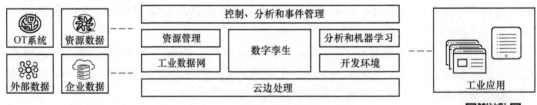

图 7-2　Predix 平台架构图

扫一扫
查看彩图

7.1.1.2　西门子的 "COMOS" 平台

　　德国西门子公司在 2016 年就开始尝试利用数字孪生体来完善工业 4.0 应用，2017 年底，西门子正式发布了完整的数字孪生体应用模型。在西门子的数字孪生体应用模型中，数字孪生体产品（digital twin product）、数字孪生体生产（digital twin production）和数字孪生体绩效（digital twin performance）形成了一个完整的解决方案体系，并把西门子现有的产品及系统包揽其中，例如 Teamcenter、PLM 等。数字孪生体比信息物理系统更容易解释，跟西门子的数字化战略融合更好，因此西门子公司成为数字孪生技术的积极倡导者和引领者。图 7-3 为数字孪生体应用模型。

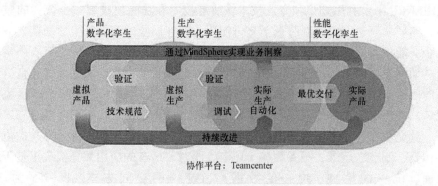

图 7-3 数字孪生体应用模型

西门子认为全球化市场对工程师和运营商提出了很高的要求。项目周期持续缩短，产品越来越快地投放到市场，客户定制化需求和修改也是造成成本增加的原因，及时实施数字化技术至关重要。通过对数字孪生技术的长期探索实践，西门子认为数字孪生技术可以为先进数字化企业提供解决方案，支持企业进行涵盖其整个价值链的整合及数字化转型，为从产品设计、生产规划、生产工程、生产实施直至服务的各个环节打造一致的、无缝的数据平台，形成基于模型的虚拟企业和基于自动化技术的现实企业镜像。西门子将数字孪生技术形象地称之为"数字化孪生"，包括"产品数字化孪生""生产工艺流程数字化孪生"和"设备数字化孪生"，完整真实地再现了整个企业，从而帮助企业在实际投入生产之前即能在虚拟环境中优化、仿真和测试，在生产过程中也可同步优化整个企业流程，最终实现高效的柔性生产，实现快速创新上市，锻造企业持久竞争力。图 7-4 为数字孪生的应用收益。

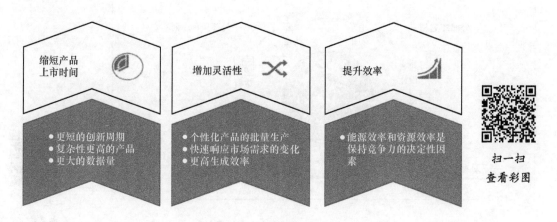

图 7-4 数字孪生的应用收益

西门子认为通过数字孪生技术的应用可以为企业实现缩短产品上市时间和创新周期、增加灵活性以满足快速响应市场需求变化和提升效率的目标，最终帮助企业在激烈的全球竞争中获得丰厚的收益。

7.1.1.3　达索系统"3D EXPERIENCE"

3D EXPERIENCE 平台利用知识和专业技术将所有技术和功能集成到一个统一的数字化创新环境中，实现从概念、生产制造直至交付使用、废弃回收的产品全生命周期的数字连续性。工业企业能集成该平台的 3D 应用，创建数字孪生，从整个生态系统获取洞察力和专业知识，从而测量、评估和预测工业资产的表现，并以智能方式帮助企业优化自身运营。很长一段时间以来，达索系统一直在通过并购和整合，完善技术体系和产品解决方案，不断拓展 3D EXPERIENCE 的应用范围。目前，3D EXPERIENCE 平台可提供 3D 建模、内容仿真、社交协作、信息智能等方面的 300 多个 APP 应用，以数字化的方式覆盖产品从设计、仿真、制造、运维、服务等各个环节。同时，所有的应用都是实现了基于统一的用户界面、统一的模型、统一的数据库、统一的协同方式。图 7-5 为 3D EXPERIENCE 的孪生系统。

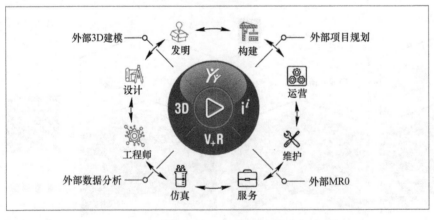

图 7-5　3D EXPERIENCE 的孪生系统

达索系统在三维建模、仿真模拟的基础上衍生出了在线协作平台，可以实现产品从设计到制造的全流程多人在线协同操作。在线协作平台颠覆了传统基于文件的方式，设计师、工程师、制造商可以同时打开一个由 600 万个零件组成的飞机模型并对其进行修改，极大地提升了工作效率。另一项新增的业务在生命科学领域，为药品从研发到临床试验到审批上市提供支撑。药品临床试验往往耗时 6~7 年，其间会产生大量的试验数据，新药上市审批阶段需要向药监部门提交药品临床试验全部数据，因此临床数据采集分析将有助于构建药品的全生命周期管理。此外，达索系统目前的应用还覆盖航空航天、交通运输、工业设备、高科技、能源行业等 12 个行业。在全球市场的客户包括航空领域的波音、空客公司，交通运输领域的宝马、大众、丰田、本田等汽车制造商。在家居生活领域，阿迪达斯、爱马仕、LV 等也利用达索系统的解决方案完成对创新的设计。在中国市场，C919大型客机利用达索系统完成数字模型设计。一汽轿车、上汽集团、蔚来汽车等采用达索系统对汽车数字化模型进行构建。达索系统中国区客户还包括高科技电子行业，比如格力、美的采用达索系统的解决方案优化智能制造流程，长虹、海信利用达索系统的解决方案进行产品数字研发。

7.1.1.4　ANSYS "仿真平台与 Twin Builder"

在仿真领域，ANSYS 将数字孪生作为下一步发展的战略目标。ANSYS 的解决方案作为中立的 IIoT 平台，通过允许客户重用大量现有的 IP 来构建精确的模型。通过预制连接器到流行的 IIoT 平台和运行时模型生成功能，将使数字孪生的连接和部署对客户来说更加容易。ANSYS Twin Builder 是一款针对数字孪生体的产品软件包，帮助工程师快速构建、验证和部署物理产品的数字化表示形式。从综合的组件级设计与仿真一直到整个系统的仿真，ANSYS 都能实现基于仿真的数字孪生体。图 7-6 为 ANSYS 的数字孪生流程。

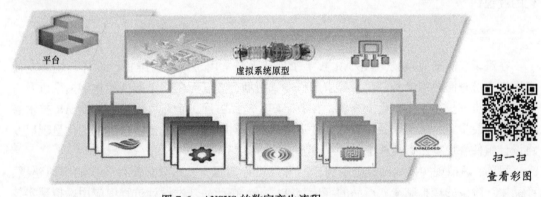

扫一扫
查看彩图

图 7-6　ANSYS 的数字孪生流程

ANSYS 基于模型的数字孪生技术，整合了 ANSYS 行业领先的物理工程仿真、嵌入式软件研发平台与 GE 的 Predix 平台，从而在多种不同产业领域发挥数字孪生解决方案的作用。将数字孪生解决方案从边缘扩展到云端，不仅可加速实现 ANSYS 仿真价值，推动Predix 平台的应用，而且还能为探索突破性商业模型和商业关系创造新的机遇。ANSYS的仿真技术不再仅仅只是作为工程师设计更出色产品和降低物理测试成本的利器，通过打造数字孪生，仿真技术的应用将扩展到各个运营领域，甚至涵盖产品的健康管理、远程诊断、智能维护、共享服务等应用。例如，通过日益智能化的工业设备所提供的丰富传感器数据与仿真技术强大的预测性功能双剑合璧，帮助企业分析特定的工作条件并预测故障点，从而在生产和维护优化方面节约成本。图 7-7 为基于仿真的数字孪生案例。

扫一扫
查看彩图

图 7-7 基于仿真的数字孪生案例

数字孪生是现实世界和数字虚拟世界沟通的桥梁。数字孪生体现了软件、硬件和物联网反馈的机制：运行中实体的数据是数字孪生的"营养液"输送线。很多模拟或指令信息都可以通过数字孪生的连接输送到实体，以达到诊断或者预防的目的，这是一个双向进化的过程。

7.1.2 基于 VR/AR 的数字孪生系统与关键技术

在汽车、制造业领域，VR/AR 数字孪生技术最常用于维修与维护、设计与组装，便于操作人员查阅数字参考资料、寻求远程专家帮助、查看无实体零部件的数字模型以及将详细操作步骤投射至工作台上查看。在数字孪生产品方面，企业可使用 VR 或 AR 技术查看数字组装步骤，模拟产品在极端条件下的表现，对基础设施进行多角度视觉化呈现以及将设计组件叠加至已有模块上。

目前，虚拟现实技术已经应用到产品开发设计流程中，如概念设计阶段的虚拟建模、产品生产阶段的虚拟制造、产品的宣传与推广等。在产品开发设计过程中应用虚拟现实技术可以缩短产品设计周期，提高效率，降低生产成本和研发成本。虚拟现实已经被世界上一些大型企业广泛地应用到工业的各个环节，对企业提高开发效率，加强数据采集、分析、处理能力，减少决策失误，降低企业风险起到了重要的作用。虚拟现实技术的引入，将使工业设计的手段和思想发生质的飞跃，更加符合社会发展的需要，可以说在工业设计中应用虚拟现实技术是可行且必要的。

7.2 5G 与 VR/AR 融合

5G 技术即第五代移动通信技术，5G 网络的传输速度可以达到 4G 网络的百倍甚至更多，其峰值理论传输速度甚至可达到 20GB/s。其实 5G 网络的优势不仅仅在于传输速度快。全球移动通信系统协会（GSMA）给出了 5G 网络的八项标准：

（1）连接速度可达 1~10GB/s（即非理论最大值）。

（2）端到端往返时延低至 1ms。

（3）每单位面积带宽为 4G 网络的 1000 倍。

（4）连接的设备数量为 4G 网络的 10~100 倍。

（5）（感知）可用性可达到 99.999%。

（6）（感知）覆盖率可达到 100%。

（7）网络能源使用量较 4G 网络减少 90%。

（8）功耗低，机器型设备的电池寿命可达 10 年。

5G 网络的典型特征如图 7-8 所示。在无线传输方面，5G 网络的关键技术包括大规模多输入多输出（massive MIMO）技术、基于滤波器组的多载波（FBMC）技术、全双工等无线传输及多址技术。在无线网络方面的关键技术则包括超密集异构网络（UDN）技术、自组织网络（SON）技术、软件定义网络（SDN）技术、内容分发网络（CDN）技术。

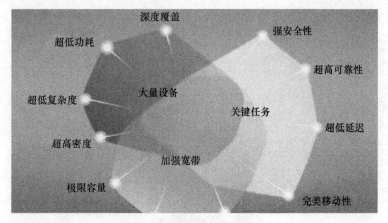

扫一扫
查看彩图

图 7-8　5G 网络的典型特征

其中对 VR/AR 影响最大的 5G 核心技术为 eMBB、uRRLC、mMTC，如图 7-9 所示。

5G 技术很快将得到大规模商用。高通和 ABIResearch 联合制作了白皮书《Augmente-dand Virtual Reality：The First Waveof 5G Killer Apps》，称 AR 和 VR 是 5G 技术的杀手级应用。华为公司也发布了《5G 十大应用场景》白皮书，其中云 VR/AR 排在第一位。

7.2.1　海量数据的低延时传输

5G 网络数据传输的时延不超过 1ms，5G 网络实现低时延的原理如图 7-10 所示，数据下载的峰值速度可以高达 20GB/s，这将有效解决当前制造过程海量数据存储和实时在线在位检测的难题。

5G 技术在 AR 和 VR 方面的优势主要体现为更大的容量、更低的时延和更好的网络均匀性。当前 VR 产品一直易给用户造成眩晕感，产生眩晕感在一定程度上是因为时延，也就是在 VR 体验者做出动作后，整个系统从监测动作到将运动反映到 VR 视野中会有一定的滞后，此时用户就会感到眩晕。而应用 5G 技术后时延将极短，所以会减轻由时延带来的眩晕感，而如果是需要联网的 VR，则更需要用到 5G 网络的高速数据传播特性。某些

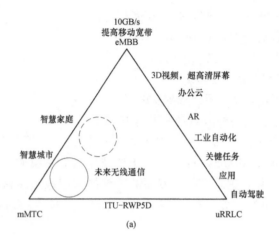

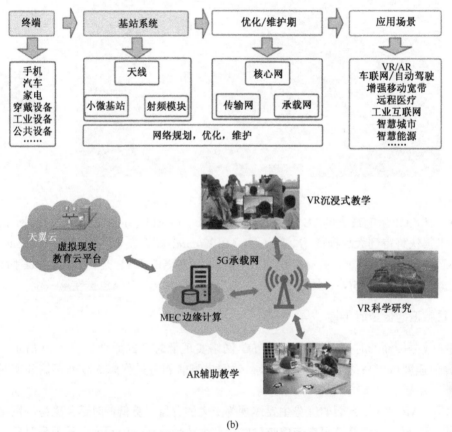

图 7-9　对 VR/AR 影响最大的 5G 核心技术
（a）未来无线通信；（b）5G 核心

制造场景的应用可能会更依赖上述优势中的某一个，但在相同网络下同时利用这几个优势是所有 VR/AR 应用的关键。

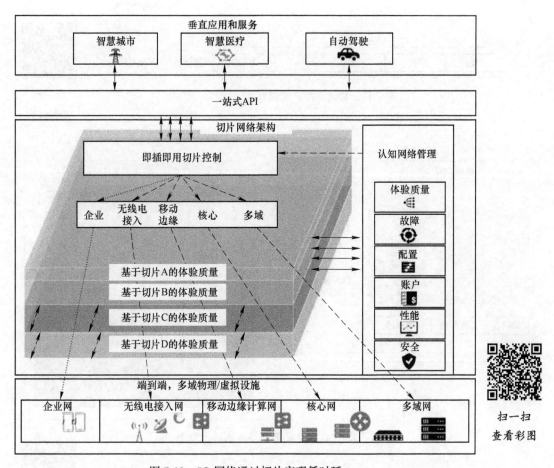

图 7-10 5G 网络通过切片实现低时延

7.2.2 物联网的高密度互联互通

5G 致密化网络的每平方米区域容量为 10MB/s，可以保证一个工厂的上百万个传感器同时连通。增大 5G 网络吞吐量的技术有很多，如正交频分复用技术（OFDM）、低密度低偶性校验码（LDPC）技术等。子帧设计是增大 5G 网络吞吐量的重要手段。图 7-11 所示为动态自给式子帧设计。

在工业物联网领域，5G 网络承载了 TCP/IP 协议，要提高制造过程的服务质量还需要结合使用时间敏感网络（TSN）。把制造过程的一个数据包从 A 点传输到 B 点，中间可能经过若干个边缘网关节点转发过程，在每一个节点转发过程中都会产生时延，TSN 可以有效控制时延。基于 VR/AR 的生产线设备管理、性能监控、产品质量控制等功能就可能实现实时、在位/在线处理。因此我们有理由相信基于 5G 的工业互联网赋能技术，将可能实现真正意义上的数字孪生应用，如图 7-12 所示。

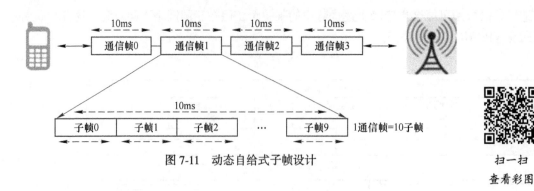

图 7-11　动态自给式子帧设计

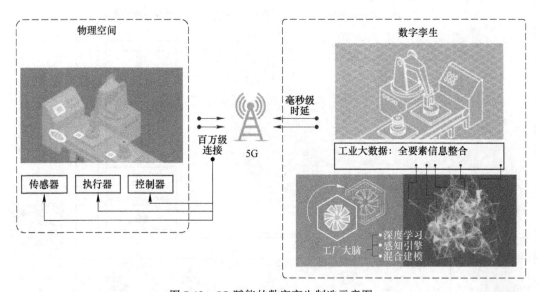

图 7-12　5G 赋能的数字孪生制造示意图

7.2.3　面向云的 VR/AR 平台

很多制造企业都开发了自己的私有云平台，连通了工业网络互联下的设备集群和企业信息网络应用系统，逐渐实现了 IT/OT 网络互通。

5G 网络为 VR/AR 业务提供了高带宽、低时延的基础网络平台。推进制造业场景的 VR/AR 大规模应用，要避开传统 IT 应用实施的缺陷。应该从系统角度先设计云 VR/AR 平台，以工业云平台为基础，从集成现有数据平台开始，实现制造过程的应用场景。

云 VR（见图 7-13）体验优于本地 VR 应用体验，VR 体验的关键要求是多路径传输（MTP）时延不超过 20ms。VR 云化后保证 MTP 时延不超过 20ms 有很大的难度。目前已经有技术来保障 MTP 时延不超过 20ms，而且在实践中用户反馈云 VR 的体验（主要从真实感、交互感和愉悦感三方面考虑）优于本地 VR 体验。云 VR 平台的渲染能力、网络品质宽带优势以及云内容存储资源，对于实现培训、维修、装配引导等应用起很大作用。

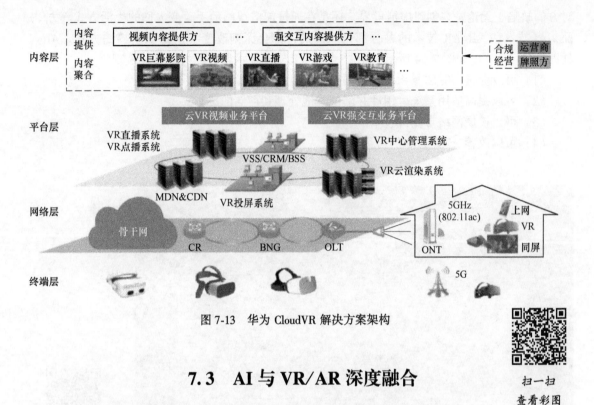

图 7-13 华为 CloudVR 解决方案架构

扫一扫
查看彩图

7.3 AI 与 VR/AR 深度融合

国务院印发的《新一代人工智能发展规划》中明确提出，要发展 VR 与智能建模技术，实现 VR/AR 与人工智能（AI）的积极和高效互动，建立 VR/AR 技术、产品、服务标准和评价体系，推动重点行业融合应用。围绕提升我国人工智能国际竞争力的迫切需求，新一代人工智能关键共性技术的研发部署要以算法为核心，以数据和硬件为基础，以提升感知识别、知识计算、认知推理、运动执行、人机交互能力为重点，形成开放兼容、稳定成熟的技术体系。

（1）VR 智能建模技术：重点突破虚拟对象智能行为建模技术，提升 VR 中智能对象行为的社会性、多样性和交互逼真性，实现 VR、AR 等技术与人工智能的有机结合和高效互动。研究虚拟对象智能行为的数学表达与建模方法，用户与虚拟对象、虚拟环境之间的自然、持续、深入交互等问题，以及智能对象建模的技术与方法体系。

（2）VR/AR 技术：突破高性能软件建模、内容拍摄生成、AR 与人机交互、集成环境与工具等关键技术，研制虚拟显示器件、光学器件、高性能真三维显示器、开发引擎等产品，建立 VR 与 AR 技术、产品、服务标准和评价体系，推动重点行业融合应用。机械生产过程中的数字化整合和智能部件研发会产生大量数据，可以作为机器学习、数字孪生、VR 和 AR 等创新技术的基础。VR/AR 技术与人工智能技术起初并没有太大的联系，甚至现在也依旧如此，它们的研究方向不同，但是两者的紧密结合必定可以实现。

7.3.1 AI 辅助下的 VR/AR

VR/AR 技术的主要研究对象是外部环境，而人工智能技术则主要是对人类智慧本质进行探索。当这两种技术的研究水平都达到了一定层次时，两者就能够在一定程度上弥补对方的缺陷。无论是在创建虚拟世界，还是在通过虚拟智能助手改变人们的生活方式等方面，AI 技术和 VR/AR 技术的融合都是双向的，都会深刻改变我们认识世界的方式。AI 辅助下的 AR/VR 如图 7-14 所示。AI 技术和 VR/AR 技术融合的好处具体表现为：

（1）可以促进实时图像和语音识别技术的发展；

（2）可以提高应用系统可用性并降低本地处理和存储的成本；

（3）可以扩展网络带宽；

（4）可以改善 AI 在云中的可用性。

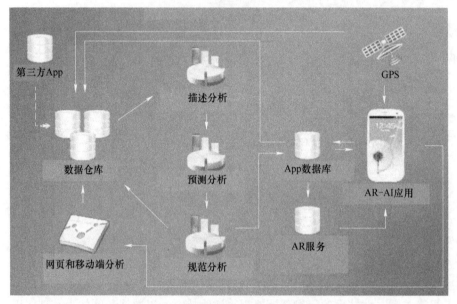

扫一扫
查看彩图

图 7-14   AI 辅助下的 VR/AR 示意图

7.3.1.1   AI 将极大地提高 VR/AR 的人机交互能力

AI 技术中的深度学习技术的两大应用领域分别是计算机视觉（CV）和自然语言处理（NLP）。深度学习技术可以用于快速手势识别（见图 7-15）、场景语义分类和快速语音识别（见图 7-16）。

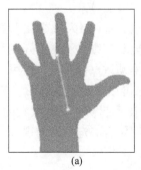
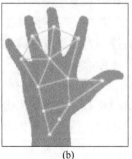
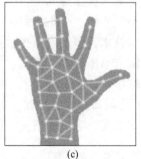

扫一扫
查看彩图

(a)   (b)   (c)

图 7-15   VR/AR 中的快速手势识别

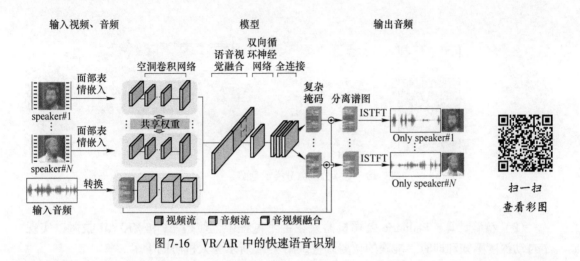

图 7-16 VR/AR 中的快速语音识别

7.3.1.2 AI 算力提升视觉内容质量

（1）知识发现：通过机器学习和 AI 技术在 VR 和 AR 环境中实现数据可视化，更好地了解制造过程数据。图 7-17 所示为 Virtualitics 公司的嵌入式机器学习示例，利用深度学习技术可在几秒内发现数据中的知识。

图 7-17 嵌入式机器学习示例

（2）场景理解：AI 技术可用于对场景进行语义分析，理解制造要素。图 7-18 所示为对制造现场场景分割与分类。

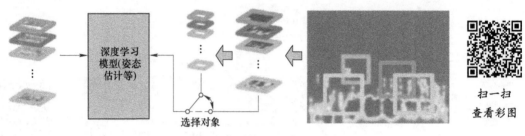

图 7-18　场景分割与分类示意图

（3）精确计算：Pediatric 公司机器人在手术过程中，使用 AI 和 VR/AR 技术，实现了自动深度感知和即时、准确的位姿调整。图 7-19 所示为人机协同手术。

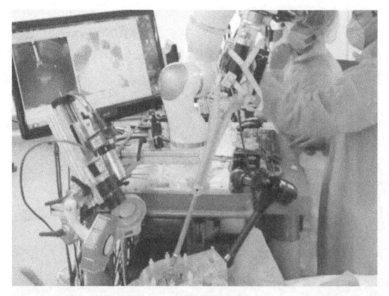

图 7-19　人机协同手术

（4）逼真渲染：VR/AR 面临的最大挑战之一是怎样用普通的硬件渲染出逼真的图形。虚拟场景过于复杂会导致图像滞后，进而导致 VR/AR 佩戴者头痛。这一问题使得大多数 VR 体验都过于简单，缺乏令人信服的细节。AI 技术在游戏渲染中的应用效果非常明显，深度学习技术可以用于完成超分辨率重建、纹理映射等任务。如 VR/AR 中机器学习算法可以用于选择性渲染，仅使观看者正在观看的场景部分以完全视觉保真度动态生成，从而节省计算成本。

使用 AI 技术还可以更智能地压缩图像，从而通过无线连接实现更快的传输，而不会出现明显的质量损失。可以基于注意力的深度学习模型，根据用户观察的兴趣，实时制造场景要素，实现实时渲染，如图 7-20 所示。

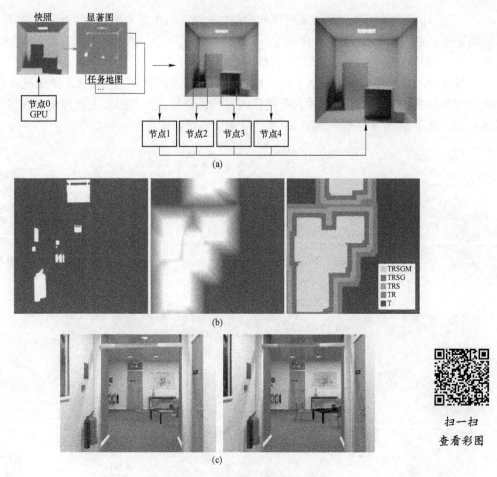

扫一扫
查看彩图

图 7-20　基于注意力的深度学习场景渲染方法
(a) 场景分割；(b) 注意力建模；(c) 效果

7.3.2　VR/AR 构建智能助手

VR/AR 构建的虚拟智能助手将成为制造现场日常使用的工具之一，它能独立"思考"，帮助人们处理各种制造场景业务，链接并计算工业物联数据，然后通过 VR/AR 技术展现出来。如图 7-21 所示，未来的智能助手将可以辅助工人进行预防性维修。

扫一扫
查看彩图

图 7-21　基于 AR+AI 的智能检修

基于 AI 的连续图像识别结果可以实时叠加到 VR/AR 显示场景中。因此，基于 AI 的连续图像识别技术可以用于身份识别（见图 7-22）、目标和操作人员的行为识别（见图 7-23），其中基于 AR+AI 可以用于智能装配，如图 7-23 所示。

深度学习技术也可用于训练系统，以识别更复杂的场景或组件。AR 摄像机根据发动机中零件的视图状态，建议技术人员进行何种维修步骤，并在图像上立即给出测试和允许的公差。图 7-24 所示是基于 AR+AI 的航空发动机智能维护。

图 7-22   基于 AR+AI 的身份识别

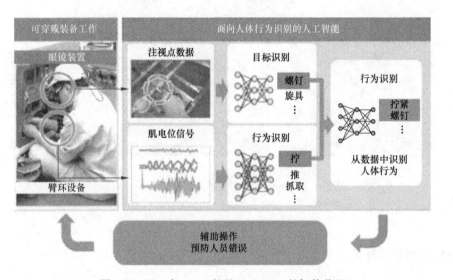

图 7-23   日立与 DFKI 的基于 AR+AI 的智能装配

图 7-24   基于 AR+AI 的航空发动机智能维护

习　题

1. 简述数字孪生系统关键技术。
2. 简述 5G 与 VR/AR 的融合。
3. 简述 AI 与 VR/AR 的融合。

参 考 文 献

[1] 鲍劲松, 武殿梁, 杨旭. 基于VR/AR的智能制造技术 [M]. 武汉: 华中科技大学出版社, 2020.

[2] 杨秀杰, 杨丽芳. 虚拟现实 (VR) 交互程序设计 [M]. 北京: 中国水利水电出版社, 2019.

[3] 邵伟. Unity 2017 虚拟现实开发标准教程 [M]. 北京: 人民邮电出版社, 2019.

[4] Angle E. OpenGL 编程基础 [M]. 3 版. 北京: 清华大学出版社, 2008.

[5] 冯开平, 罗立宏. 虚拟现实技术及应用 [M]. 北京: 电子工业出版社, 2021.

[6] Jonalhan Linowes. 增强现实开发者实战指南 [M]. 北京: 机械工业出版社, 2019.

[7] Dieter Schmalstieg, Tobias Höllerer. 增强现实: 原理与实践 [M]. 北京: 机械工业出版社, 2020.

[8] 刘琳, 刘明. 虚拟现实 (VR) 基础建模实例教程 [M]. 北京: 中国水利水电出版社, 2019.

[9] 浙江优创信息技术有限公司. PEVR虚拟现实编辑平台设计与实现精析 [M]. 北京: 机械工业出版社, 2019.

[10] 林丽芝, 许发见. 虚拟现实技术与创新创业训练 [M]. 北京: 中国铁道出版社, 2020.

[11] 吴哲夫, 陈滨. Unity 3D 增强现实开发实战 [M]. 北京: 人民邮电出版社, 2019.

[12] 汪振泽, 肖名希, 王雪苹, 温凤慧. Virtual Reality 虚拟现实技术应用中文全彩铂金版案例教程 [M]. 北京: 中国青年出版社, 2020.

[13] 谭杰夫, 钟正, 姚勇芳. 虚拟现实基础与实战 [M]. 北京: 化学工业出版社, 2018.

[14] 才华有限实验室. VR来了!: 重塑社交、颠覆产业的下一个技术平台 [M]. 北京: 中信出版社, 2016.

[15] 潘晓霞. 虚拟现实与人工智能技术的综合应用 [M]. 北京: 中国原子能出版社, 2018.

[16] 吴亚峰, 于复兴. VR与AR开发高级教程: 基于 Unity [M]. 北京: 人民邮电出版社, 2020.

[17] 秦文虎. 虚拟现实基础及可视化设计 [M]. 北京: 化学工业出版社, 2009.

[18] 北京新奥时代科技有限责任公司. 虚拟现实应用开发教程: 中级 [M]. 北京: 电子工业出版社, 2020.

[19] 丘靖. VR虚拟现实: 技术革命+商业应用+经典案例 [M]. 北京: 人民邮电出版社, 2016.

[20] 邵伟, 李晔. Unity VR虚拟现实完全自学教程 [M]. 北京: 电子工业出版社, 2019.

[21] 黄心渊. 虚拟现实导论: 原理与实践 [M]. 北京: 高等教育出版社, 2018.

[22] 北村爱实. Unity 2018 入门与实战 [M]. 北京: 人民邮电出版社, 2020.

[23] 李榕玲, 林土水. 虚拟现实技术 [M]. 北京: 北京理工大学出版社, 2019.